计算机类专业系列教材——虚拟现实应用技术系列

Maya建模项目教程

杨静波　李亚琴　主　编

电子工业出版社
Publishing House of Electronics Industry
北京·BEIJING

内容简介

本教材主要面向数字媒体技术、动漫设计与制作、艺术设计等专业的学生。本教材主要内容为三维动画软件 Maya 基础操作、建模基础知识及操作方法、工业产品建模项目、动画道具建模项目、室内场景建模及动画角色建模。本教材定位于培养动漫游戏行业所需的高技能人才。经充分的岗位调研，分析岗位要求和典型工作任务，确定了本教材的知识结构和内容体系。本教材以任务驱动理论学习，将关键知识点和核心技能分解到情境式项目中，由浅入深、由简到繁安排教学任务。另外，本教材精选了动画和游戏企业常见的道具建模、场景建模及角色建模 3 个方面有代表性的 5 个项目，根据成熟的建模技术和流程，提供每个项目全过程的制作流程图，有针对性地进行讲解。

图书在版编目（CIP）数据

Maya建模项目教程/杨静波，李亚琴主编.—北京：电子工业出版社，2021.7（2023年9月重印）
ISBN 978-7-121-37593-4

Ⅰ.①M…　Ⅱ.①杨…②李…　Ⅲ.①三维动画软件—高等学校—教材　Ⅳ.①TP391.414

中国版本图书馆CIP数据核字（2019）第219793号

责任编辑：贺志洪
文字编辑：靳　平
印　　刷：北京瑞禾彩色印刷有限公司
装　　订：北京瑞禾彩色印刷有限公司
出版发行：电子工业出版社
　　　　　北京市海淀区万寿路 173 信箱　邮编 100036
开　　本：787×1092　1/16　印张：14.5　字数：371.2 千字
版　　次：2021 年 7 月第 1 版
印　　次：2024 年 7 月第 7 次印刷
定　　价：59.00 元

凡所购买电子工业出版社图书有缺损问题，请向购买书店调换。若书店售缺，请与本社发行部联系，联系及邮购电话：（010）88254888　88258888。

质量投诉请发邮件至 zlts@phei.com.cn，盗版侵权举报请发邮件至 dbqq@phei.com.cn。

本书咨询联系方式：（010）88254609 或 hzh@phei.com.cn。

前言

在三维世界中，模型是基础，而材质及色彩光影的烘托是表现作品思想的重要手段。随着三维技术的日新月异，三维技术带来的视觉冲击达到了新的境界，动画制作的渲染技术在其中起到了非常关键的作用。

本教材主要面向数字媒体技术、动漫设计与制作、艺术设计等专业的学生。为适应高职教育的特点，本教材采用任务驱动的模式进行编写，以便于教师在教学过程中采用项目式教学。每个章节都先提出情境式项目，描述项目要求，并分析关键知识点和核心技能，然后在项目设计环节中通过若干个分解任务来完成整体项目。本教材旨在理论与实践相结合，通过理论指导实践，进一步由实践加深学生对理论知识的掌握。另外，为了更加准确描述部分知识，本教材对部分命令和知识点采用中英文对照的方式叙述。

本教材的特色主要体现在以下几个方面。

1. 突出高职教育特点

高职教育的特点是培养职业化、技能型人才。本教材定位于培养动漫游戏行业所需的高素质、高技能人才。经过充分的岗位调研，分析岗位要求和典型工作任务，确定了本教材的知识结构和内容体系。

2. 任务驱动，逐层推进

本教材基于任务驱动理论学习，根据教学内容的推进和知识点的积累，将关键知识点和核心技能分解在情境式项目中，由浅入深、由简到繁地安排教学任务。

3. 项目经典，校企合作

Maya 建模的应用领域很广。本教材结合专业培养目标，精选了动画和游戏公司具有代表性的 5 个项目，根据成熟的建模流程，参照该领域的建模标准，有针对性地进行讲解。

4. 流程分解，通俗易懂

本教材从学习对象的实际情况出发，用贴近读者学习习惯的语言进行讲解。书中根据成熟的建模流程标准，提供了每个项目完整的制作流程图，对学生而言相当于生动的项目施工图样，同时也是对三维动画建模的关键技术进行了图文并茂、通俗易懂的展示。

5. 配套资源，立体教学

本教材配套免费的教学资源，包括视频录像、实训素材、电子课件、电子教案、拓展项目等内容，方便学生课后学习时使用，启发和激励学生自己动手操作的欲望。读者可以通过与作者或编辑联系获取登录密码，然后登录本书教学资源的网盘地址（http://pan.baidu.com/s/1hqolQZU）免费下载。

　　由于编写时间仓促，本人水平有限，书中难免有不足之处，恳请各位读者批评指正。衷心希望分享多年来积累的教学和制作经验，能为各位读者提供一点帮助。

杨静波

2021 年 1 月

目录

第 1 章

Maya 基础操作

关键知识点

- Maya 界面概述
- Maya 界面操作与工作空间布局
- Maya 项目设置

1.1　Maya 界面概述

我们首先来认识 Maya 界面。Maya 是一种具备丰富功能、集成众多创意工具的大型软件。

Maya 界面如图 1-1 所示。

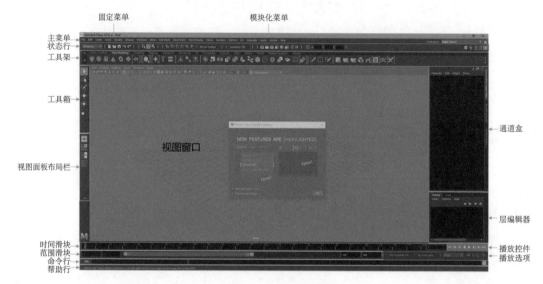

图 1-1　Maya 界面

Maya 界面是十分灵活多变的。当我们开始学习 Maya 界面的各组成部分之前，先熟悉一下对整个界面的基本操作方法。

- 显示隐藏界面元素操作：可以选择窗口（Windows）→ UI 元素（UI Elements）菜单命令在主窗口中显示或隐藏元素。

- 最大化视图空间操作：为了使视图空间最大化，可以隐藏所有界面元素。此时，我们可以改用快速命令功能（热盒菜单、快捷键和标记菜单）来进行该操作。

- 面板大小操作：当双向箭头光标出现时，拖动大多数面板的边就可以调整这些面板的大小。

- 面板分离操作：将光标移动到面板的双虚线处就可以分离当前 UI 元素，也可以将面板停靠到 Maya 界面的不同区域，可以重新排列这些面板以满足个人喜好。

- 若要放大光标下的视图，如视图面板（View Panel）或曲线图编辑器（Graph Editor），请按 Shift + 空格组合键。如果光标悬停在界面的浮动窗口或其他部分，如通道盒（Channel Box）或工具设置（Tool Settings）上方，则会影响所单击的最后一个视图。再次按 Shift + 空格组合键可还原之前查看的配置。

- 若要全屏显示光标聚焦的窗格，请按 Ctrl + 空格组合键。其工作方式与按 Shift + 空格组合键以放大视图的相同，但是还会隐藏状态行（Status Line）、工具架（Shelf）和时间滑块（Time Slider）等 UI 元素。再次按 Ctrl＋空格组合键可还原之前查看的配置。

1.1.1　主菜单（Main Menu）

主菜单位于整个 Maya 界面的顶部，基本包含了要创建场景时所使用的所有工具和命令，如图 1-2 所示。

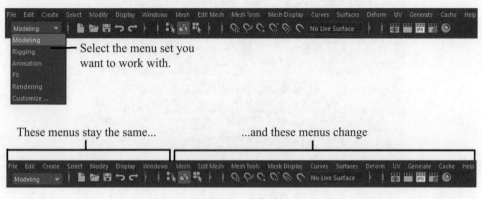

图 1-2　主菜单

主菜单分为以下两个部分。

● 固定菜单：包含了整个 Maya 的基本操作命令和工具，具体有文件（File）、编辑（Edit）、创建（Create）、选择（Select）、修改（Modify）、显示（Display）和窗口（Windows）7 个菜单，如图 1-3 所示。

图 1-3　固定菜单

● 模块化菜单：该菜单是根据当前所选菜单集而变化的，如图 1-4 所示。若要在菜单集之间切换，请使用状态行（Status Line）中的下拉菜单，或者使用快捷键。默认快捷键有：F2——建模（Modeling）；F3——装备（Rigging）；F4——动画（Animation）；F5 ——特效（FX）；F6——渲染（Rendering）。切换菜单栏的显示，请按 Ctrl+M 组合键。

图 1-4　模块化菜单

当菜单栏不可见时，可以使用热盒菜单进行操作。按住空格键时会显示 Maya 的热盒菜单如图 1-5 所示。热盒菜单中包含了 Maya 界面上可用的每项操作。热盒菜单操作模式是加速操作 Maya 的一个有效方式。

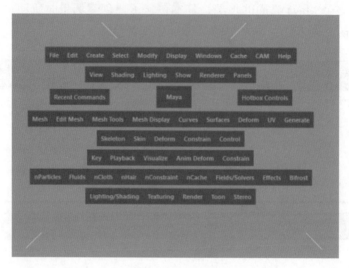

图 1-5　热盒菜单

热盒菜单有三项主要功能：

（1）包含所有菜单。如果要快速实现其他菜单集的操作功能，又不想切换，使用热盒菜单无疑是最好的选择。

（2）节省空间。可以将菜单栏（按 Ctrl+M 组合键）和其他 UI 元素隐藏，也可以使用热盒菜单选择操作。

（3）热盒菜单提供了 5 个可自定义的标记菜单。可以通过单击热盒控件（Hotbox Controls）选项的内部、上方、下方、左侧或右侧来显示这 5 个标记菜单。

1.1.2　状态行（Status Line）

状态行就在主菜单之下，显示了各种重要交互操作模式的当前状态，如图 1-6 所示。

Default status line

Expanded status line

图 1-6　状态行

通过状态行，可以更改菜单集、访问常用功能、选择遮罩、设置各种选项、更改侧栏的内容。在默认情况下，状态行的各部分处于收拢状态。单击显示 / 隐藏按钮 以展开隐藏部分。

- 菜单集菜单： Modeling 。
- 文件按钮： 。这些按钮允许启动新场景文件、打开现有场景文件或保存当前场景文件。

- 选择遮罩菜单：▼ Objects。状态行包含几个不同的用于更改选择遮罩的控件。通过选择遮罩菜单，可以使特定的对象、组件类型处于可选择或不可选择状态。
- 选择模式按钮：🔲🔲🔲。通过选择模式按钮，可以按层次和组合选择（Select by Hierarchy and Combinations）模式、对象（Object）模式和组件（Component）模式。
- 选择选项按钮：🔳。
- 锁定 / 解除锁定当前选择（Lock /Unlock Current Selection）按钮：🔒。单击锁定 / 解除锁定当前选择按钮（🔒），以便通过鼠标左键运行操纵器而非进行选择。再次单击🔒解除锁定当前选择。
- 亮显当前选择模式（Highlight Selection Mode）按钮：🔲。在任何组件模式中选择组件时，对象模式处于禁用状态，这样可以停留在组件选择模式中，如选择多个组件（顶点、面等）。若取消此设置，以便单击对象的非组件部分时选中整个对象（回到对象模式），请禁用亮显当前选择模式按钮。
- 捕捉按钮：🔲 No Live Surface。

捕捉到栅格（Snap to Grids）按钮：将顶点（CV 或多边形顶点）或枢轴点捕捉到栅格角。如果在创建曲线之前选择捕捉到栅格（Snap to Grids）按钮，则将其顶点捕捉到栅格角。

捕捉到曲线（Snap to Curves）按钮：将顶点（CV 或多边形顶点）或枢轴点捕捉到曲线或曲面上的曲线。

捕捉到点（Snap to Points）按钮：将顶点（CV 或多边形顶点）或枢轴点捕捉到点，其中可以包括面中心。

捕捉到投影中心（Snap to Projected Center）按钮：将对象（关节、定位器）捕捉到选定网格或 NURBS 曲面的中心。

注：使用捕捉到投影中心（Snap to Projected Center）按钮后将取消所有其他捕捉模式。

捕捉到视图平面（Snap to View Planes）按钮：将顶点（CV 或多边形顶点）或枢轴点捕捉到视图平面。

激活选定对象（Make the Selected Object Live）按钮：将选定的曲面转化为激活的曲面。活动曲面的名称将显示在激活（Make Live）图标旁边的字段中。单击下拉列表按钮以显示之前的激活曲面列表。

- 对称菜单：▼ Symmetry: Off 指定所有工具的全局对称设置。
- 构建按钮：🔲。
- 选定对象的输入 / 输出菜单。通过该菜单可以选择、启用、禁用或列出选定对象的输入和输出状态。
- 构建历史切换按钮。通过该按钮可对场景中的所有对象启用或禁用构建历史。
- 渲染按钮：🔲。单击这些按钮可打开渲染视图（Render View）、执行普通渲染、执行 IPR 渲染、渲染设置窗口。
- 输入模式：🔲。

使用输入模式可在 Maya 中快速选择、重命名或变换对象和组件，而无须显示通道盒（Channel Box）。输入模式有绝对变换（Absolute Transform）、相对变换（Relative Transform）、重命名（Rename）或按名称选择（Select by Name）。默认设置为绝对变换。输入模式和用户首选项一起保存。输入模式如表 1-1 所示。

表 1-1　输入模式

输入模式	说明
	绝对变换 在"X""Y""Z"字段中输入数字，基于当前选定的变换工具来移动、缩放或旋转。对象或组件参照其原始创建位置（场景的原点）进行变换 也可以在一个字段（如"X"）中输入单个值，而不影响其他变换值
	相对变换 在"X""Y""Z"字段中输入数字，基于当前选定的变换工具来移动、缩放或旋转。对象或组件参照其当前位置进行变换 也可以在一个字段（如"X"）中输入单个值，而不影响其他变换值
	重命名 编辑当前选定的对象名称。在选定多个对象时，Maya 将在每个对象名称末尾增加一个数字
	按名称选择 按输入的对象名称进行选择。可以输入通配符（*和?）以选择多个对象

- 侧栏按钮：通过这些按钮可以打开常用工具。从左到右单击每个按钮可切换其打开和关闭状态。这些按钮依次是：建模工具包按钮、"HumanIK"窗口按钮、属性编辑器（Attribute Editor）按钮、工具设置（Tool Settings）按钮、通道盒/层编辑器（Channel Box/Layer Editor）按钮。

1.1.3　工具架（Shelves）

工具架如图 1-7 所示。默认的工具架分为多个选项卡。每个选项卡代表 Maya 中设置的每个主要工具。每个选项卡均包含许多图标按钮，分别代表每个菜单最常用的菜单命令。例如，装备（Rigging）选项卡包含装备（Rigging）菜单中最常用菜单命令对应的图标按钮。

图 1-7　工具架

如果要将菜单命令添加到工具架中，请按 Shift+Ctrl 组合键。也可以将自定义脚本和面板布局添加到工具架中，以便于访问。

1.1.4　工具箱（Tool Box）

在默认情况下，工具箱将显示在 Maya 界面的左侧，如图 1-8 所示。它包含 Maya 中进行操作的最常用工具。

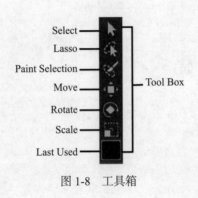

图 1-8　工具箱

1. 工具的快捷键

工具的快捷键如表 1-2 所示。可以在快捷键编辑器中为工具重新指定不同的快捷键。

表 1-2　工具的快捷键

工具	对应的图标按钮	快捷键
Select		选择工具：快捷键是 q 键
Lasso		套索工具：未指定快捷键（要为此工具指定快捷键）
Paint Selection		绘制选择工具：未指定快捷键（要为此工具指定快捷键）
Move		移动工具：快捷键是 w 键
Rotate		旋转工具：快捷键是 e 键
Scale		缩放工具：快捷键是 r 键
Last Vsed		最后使用的工具：快捷键是 y 键

2. 工具设置（Tool Settings）界面

工具设置界面将为当前选定工具显示许多工作选项。例如，可以在此界面中设置选择、移动、旋转、缩放工具的许多工作选项，如图1-9所示。

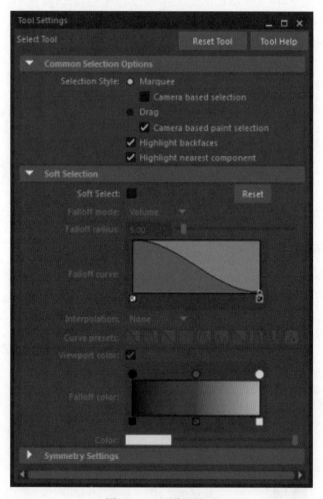

图 1-9　工具设置界面

要打开工具设置界面，可以执行以下任意一个操作。

➢ 在状态行右端，单击侧栏按钮中的工具设置（Tool Settings）按钮。

➢ 双击工具箱中的任意工具对应的图标按钮，如选择（Select）或移动（Move）按钮。

➢ 选择窗口（Windows）→常规编辑器（General Editors）→工具设置（Tool Settings）菜单命令。

1.1.5　视图面板布局（View Panel Layout）栏

视图面板布局栏如图1-10所示。通过该布局栏，可以根据系统预设布

图 1-10　视图面板布局栏

局，快速在单视图（如图 1-11 所示）、四视图（如图 1-12 所示）、双视图（如图 1-13 所示）及显示大纲（Outliner）视图（如图 1-14 所示）之间切换。

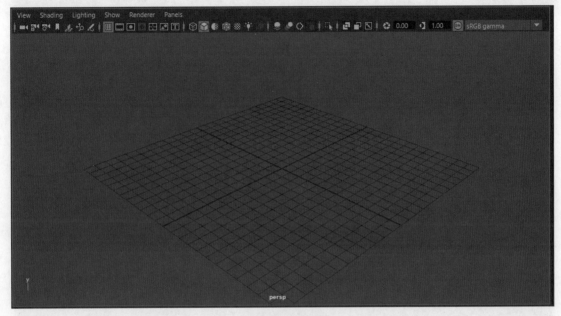

图 1-11　单视图

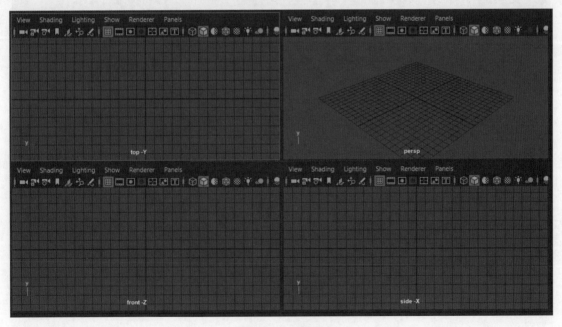

图 1-12　四视图

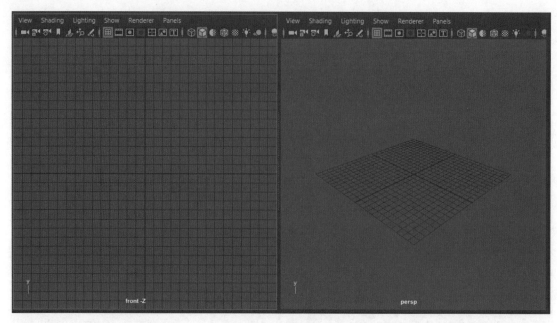

图 1-13　双视图

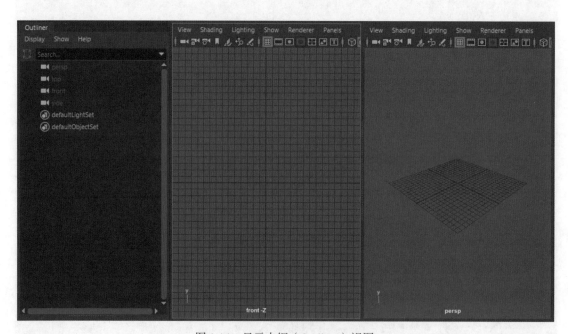

图 1-14　显示大纲（Outliner）视图

1.1.6　时间滑块（Time Slider）

时间滑块用于控制播放范围、关键帧和播放范围内的受控关键点，如图 1-15 所示。

图 1-15　时间滑块

在默认情况下，对时间滑块的拖动操作仅能更新活动视图。

在时间滑块上右击可以弹出动画控件（Animation controls）菜单，选择其中菜单命令即可进行常见操作。

1. 当前时间指示器

当前时间指示器是时间滑块上的灰色块。可以拖动它，使其在动画中前后移动。

2. 关键帧标记

关键帧标记是时间滑块中的红色（默认）标记，表示为选定对象设定的关键帧。受控关键点是在时间滑块中的绿色标记，表示特殊类型关键帧。

可以在首选项界面中启用或禁用关键帧标记的可见性，还可以设定显示在时间滑块中的关键帧标记的大小和颜色。

3. 时间单位

时间滑块上的直尺标记和相关数字可用于显示时间。若要定义播放速率，请选择窗口（Window）→设置 / 首选项（Settings/Preferences）→首选项（Preferences）菜单命令，在打开的首选项界面中选择所需的时间单位。Maya 的默认帧速率为每秒 24 帧，这是影片的标准帧速率。

在默认情况下，Maya 以 s 为单位来播放动画。在更改时间单位时，不会影响动画的关键帧播放，但最好先指定时间单位，然后再开始设置动画。如果更改时间单位，那么可能无法正常运行帧变量的表达式。

4. 当前时间字段

当前时间字段（时间滑块右侧的输入字段）表示以当前时间单位表示的当前时间。可以输入一个数值来更改当前时间，而场景将移动到该时间位置，并相应更新当前时间指示器。

5. 音频

在导入音频文件时，音频波形将显示在时间滑块上。

1.1.7　范围滑块（Range Slider）

范围滑块（位于时间滑块下方）用于体现时间滑块控制的播放范围，如图 1-16 所示。

其中，A 为动画开始时间；B 为播放开始时间；C 为范围滑块栏；D 为播放结束时间；E 为动画结束时间；F 为角色集（Character Set）菜单；G 为动画层（Animation Layer）菜单。

Maya 建模项目教程

图 1-16　范围滑块

1. 动画开始时间

动画开始时间用于设定动画的开始时间。

2. 动画结束时间

动画结束时间用于设定动画的结束时间。

3. 范围滑块栏

拖动范围滑块栏的任意一端可延长或缩短播放范围，如图 1-17 所示。

图 1-17　范围滑块栏

4. 播放开始时间

播放开始时间用于显示播放范围的当前开始时间。可输入新的开始时间（包括负值）来更改该时间。如果输入的数值大于播放结束时间，则播放结束时间将被调整为大于播放开始时间的时间。

5. 播放结束时间

播放结束时间用于显示播放范围的当前结束时间。可以输入新的结束时间来更改该时间。如果输入的数值小于播放开始时间的值，则播放开始时间将被调整为小于播放结束时间的时间。

也可以在动画首选项（Animation Preferences）界面中编辑上述设置。

注：对范围滑块所做的更改可被撤销。可以使用合并时间更改（Consolidate Time Changes）菜单命令在动画首选项界面中更改设置。

6. 动画层（Animation Layer）菜单

通过动画层菜单可快速切换当前动画层。

7. 角色集（Character Set）菜单

通过角色集菜单可快速切换当前角色集。

1.1.8　播放控件（Playback Controls）

播放控件是一组播放动画和遍历动画的按钮。

1.1.9 播放选项（Playback Options）

通过范围滑块旁边的播放选项，可以更改有关动画播放的设置，如帧速率、循环和自动播放关键帧，如图 1-18 所示。其中，A 为帧速率菜单；B 为循环播放按钮；C 为自动播放关键帧按钮；D 为动画首选项按钮。

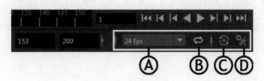

图 1-18　插放选项

1.1.10 命令行（Command Line）

可以在命令行中输入单个 MEL 或 Python 命令，而无须打开脚本编辑器。单击 MEL/Python 按钮可在 MEL 和 Python 模式之间切换，如图 1-19 所示。

图 1-19　命令行

在输入框中输入 MEL 或 Python 命令，结果显示在命令行右侧的彩色框（结果框）中。可以拖动输入框与结果框之间的分隔线来重新调整二者的大小。当光标位于结果框中时，使用上箭头键和下箭头键可浏览历史命令。

若要输入多个复杂脚本，请单击结果框右侧的脚本编辑器（Script Editor）按钮。

1.1.11 帮助行（Help Line）

当光标在工具和菜单上滚动时，帮助行（沿 Maya 界面的左下部）会提供其简短描述。帮助行还会提示完成特定工具操作所需的步骤。

1.1.12 通道盒（Channel Box）

（1）如图 1-20 所示，单击侧栏按钮中最右端的通道盒 / 层编辑器（Channel Box/Layer Edior）按钮即可打开通道盒。

图 1-20　侧栏按钮

（2）选择窗口（Windows）→ UI 元素（UI Elements）→ 通道盒 / 层编辑器（Channel Box/Layer Editor）菜单命令即可打开通道盒。

如果在通道盒内显示层编辑器（Show Layer Editor within Channel Box）选项在 UI 元素（UI Elements）首选项界面中处于禁用状态，则将通道盒（Channel Box）和层编辑器（Layer Editor）按钮分别显示出来，如图 1-21 所示。

Channel   Layer
Box   Editor

图 1-21　将通道盒（Channel Box）和层编辑器（Layer Editor）按钮分别显示出来

通道盒是用于编辑对象属性的最快捷的主要工具。通过通道盒，可以快速更改属性值、在可设置关键帧的属性上设置关键帧、锁定或解除锁定属性及创建属性的表达式。锁定或解除锁定属性如图 1-22 所示。

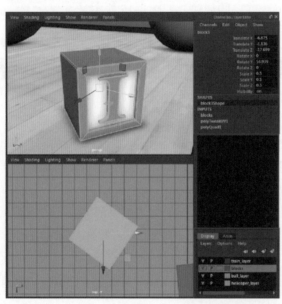

图 1-22　锁定或解除锁定属性

通道盒显示的信息是根据选定对象或组件的类型而变化的。如果未选定对象，则通道盒为空。

1.1.13　层编辑器（Layer Editor）

如图 1-20 所示，单击通道盒 / 层编辑器（Channel Box/Layer Editor）按钮，不但可以打开通道盒，还可以打开层编辑器。

层编辑器包含许多选项卡，支持两个不同的编辑器来处理不同类型的层。

（1）显示层用于组织和管理场景中的对象，如设置可见性和可选性的层。

（2）动画层用于混合、锁定或禁用动画的多个级别。

在所有情况下，都有一个默认层，且将创建后的对象最初放置在该层，如图 1-23 所示。

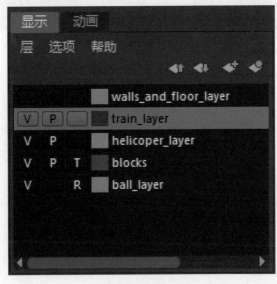

图 1-23　默认层

如果先打开首选项界面，然后在 UI 元素中禁用在通道盒内显示层编辑器选项，则可独立显示层编辑器（Layer Editor）按钮，如图 1-21 所示。然后，单击层编辑器（Layer Editor）按钮即可打开层编辑器。

早期版本的层编辑器中提供的传统渲染层已替换为新的渲染设置系统。如果要使用传统渲染层，则在首选项界面中选择渲染类别，然后选择传统渲染层（Legacy Render Layers）作为首选渲染设置系统（Preferred Render Setup System）。

1.2　项目设置

Maya 可以将各种与场景文件相关联的文件组织到项目中。项目是不同文件类型的文件夹集合。

1. 项目内容

1）项目根目录

项目根目录是与项目相关联的顶层级目录。项目引用使用该根目录名称。在创建新项目时，在项目窗口（Project Window）界面中可以指定项目根文件夹的位置。

2）项目定义文件

系统将项目定义文件命名为 workspace.mel 并存储在项目根目录中。该文件包含一组命令。这组指令用于定义各种类型文件的位置。这些位置通常与项目根目录相关，但也可以使用项目根目录外部的任意位置，即使用绝对路径定义这些位置。这些位置将在文件路径解析过程中使用。

3）子目录

子目录用于进一步管理项目文件。创建新项目后，系统将默认生成一些子目录并将它们分为主项目位置（Primary Project Locations）、次项目位置（Secondary Project Locations）、转换器数据位置（Translator Data Locations）和自定义数据位置（Custom Data Locations）。这些子目录都可以被更改。

2. 设置项目

项目可以管理与场景关联的所有文件。由于场景可能取决于不同位置中的多个资源，因此项目可以跟踪与场景相关的文件，即将这些文件存储在同一位置中。

设置项目的步骤如下。

（1）选择文件（File）→设置项目（Set Project）菜单命令或在任意一个文件管理器对话框中单击设置项目（Set Project）按钮。

（2）导航到所需文件夹。

（3）单击设置（Set）按钮。

在设置项目时，会创建与场景关联的文件夹的目录结构。这些文件夹可以是场景文件夹、模板文件夹、渲染数据文件夹和源图像文件夹。在项目根文件夹中可能有多个项目子文件夹。

注：在创建文件时还创建了 workspace.mel 文件，并将其添加到项目中。

每次打开或保存文件时，Maya 都搜索项目的文件夹。在默认情况下，Maya 首先搜索项目的场景文件夹，因此每次开始处理新文件时都设置项目是一种好做法。

注：可以在项目的文件夹之外浏览和保存文件，但 Maya 始终首先在当前设置项目的文件夹中查找。

在与团队合作或使用多台计算机时，项目很有用。这是因为设置项目后，场景资源被组织在同一位置中。如果只发送场景文件，则该文件没有与之关联的纹理或脚本。如果改为发送项目，则 Maya 可以找到所需的所有相关文件。

提示：如果打开渲染设置（Render Settings）界面，则可以找到正在处理的项目的位置路径，以及指向当前项目的图像子文件夹的路径，并可以在项目窗口（Project Window）界面中查看文件路径的规则集。

在项目窗口（Project Window）界面或 workspace.mel 文件中，可以看到：

- 已加载和保存的文件：<project>\scenes。
- 源图像：<project>\sourceimages。
- 播放预览：<project>\movies。
- 已渲染的图像：<project>\image。

3. 相对路径

可以使用相对路径查找与项目关联的文件。例如，在加载源图像时，Maya 首先查找项目的 sourceimages 文件夹。在首次加载此源图像时，源图像的相对路径为 sourceimage\

file>，这样就可以将文件移到 sourceimages 文件夹（即包含相同的结构）的任何项目中。这就是相对文件路径规则。如果在相对文件路径规则之外加载源图像，则该路径将变为绝对的，如 C：\textures\<image file>。可以在 workspace.mel 文件中读取文件路径规则。

提示：如果不确定所有的相对文件和绝对文件位于何处，请将场景文件移到单个文件夹，因为在默认情况下 Maya 将搜索它。

4. 项目窗口界面

若要打开项目窗口界面，请选择文件（File）→项目窗口（Project Window）菜单命令，如图 1-24 所示。

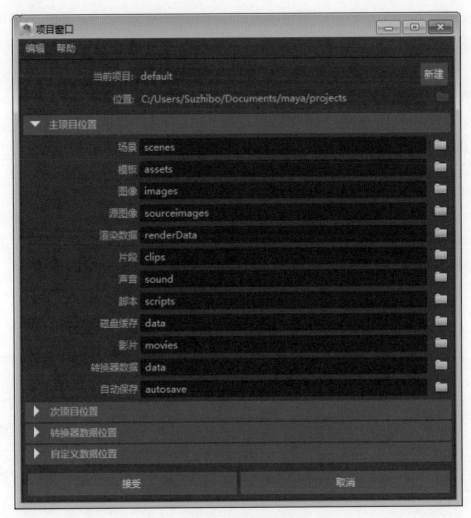

图 1-24　项目窗口界面

在项目窗口界面中，可以创建新项目、设置项目文件的位置及更改现有项目的名称和位置。

（1）当前项目文本框：显示项目名称。

（2）新建按钮：单击新建按钮创建新项目。

（3）位置文本框：显示当前项目的位置。在创建新项目时，单击浏览按钮以导航到项目文件要使用的位置。

（4）主项目位置下拉列表：列出当前的主项目目录。在默认情况下，Maya 会创建主项目目录。主项目位置提供重要的项目数据（如场景文件、纹理文件和渲染的图像文件）的目录。

可以单击主项目位置的图标以导航到新位置，并更改主项目位置的默认名称和位置。

（5）次项目位置下拉列表：列出主项目位置中的子目录。在默认情况下，Maya 会为与主项目位置相关的文件创建次项目位置。若要更改默认的次项目位置，请选择编辑（Edit）菜单命令，然后浏览至新位置。

（6）编辑（Edit）菜单命令：用于更改次项目位置的名称和目录，还可用于更改转换器数据位置。

（7）转换器数据位置下拉列表：列出项目转换器数据的位置。

5. 创建新项目

创建的新项目可使用 Maya 默认生成的位置和名称，也可以自己指定自定义位置和名称。用户还可以新建文件规则以指定自定义文件的自定义数据位置。

（1）选择文件（File）→项目窗口（Project Window）菜单命令。

（2）在项目窗口界面中，单击新建按钮。

注：在项目窗口界面中，选择编辑（Edit）→清除设置（Clear Settings）菜单命令可以清除当前设置的全部项目位置。要恢复默认的项目位置，请选择编辑（Edit）→重置设置（Reset Settings）菜单命令。

（3）在当前项目文本框中输入新项目的名称。

（4）单击浏览按钮，然后指定项目目录的位置。此位置又称项目的根目录。可以使用此位置作为主项目位置、次项目位置及任何其他添加至项目中的位置。

要更改主项目位置的目录，请单击文本字段结尾处的浏览按钮，然后指定新目录。否则，将把主项目位置添加至指定的项目根位置。

（5）要更改次级数据位置或转换器数据位置的目录，请选择编辑（Edit）菜单命令，然后单击文本字段结尾处的浏览按钮以指定新目录。否则，将把次项目位置添加至指定的项目根位置。

（6）单击接受（Accept）按钮以保存更改并关闭项目窗口界面。若没有项目目录和子目录，则该操作会完成项目目录和子目录的创建。

6. 更改项目文件位置

通过为文件位置指定不同目录，可以更改项目存储不同类型文件的位置。例如，可以更改主项目位置的目录和名称。

（1）选择文件（File）→项目窗口（Project Window）菜单命令。

（2）若要更改主项目位置的目录，请单击其文本字段结尾处的浏览按钮，然后指定新目录。

（3）若要更改次级或转换器数据位置的目录，请确保已选择编辑（Edit）菜单命令，然后单击浏览按钮🗀并指定新位置。

（4）选择使用默认值（Use Defaults）菜单命令，可以将默认的位置和名称填充到次级和转换器数据位置。

7. 设置项目

如果将正在处理的当前项目更改为其他项目，则要选择文件（File）→设置项目（Set Project）菜单命令来设置新项目。设置新项目后，Maya 会将项目数据保存到新项目位置。

（1）选择文件（File）→设置项目（Set Project）菜单命令，打开设置项目界面。

（2）在设置项目界面中，浏览到要打开项目的位置。

（3）单击设置（Set）按钮。

（4）如果将当前位置的目录设置为不包括 workspace.mel 项目定义文件，Maya 就会要求选择其他目录或为指定的目录创建项目定义文件，即执行下列操作之一，如图 1-25 所示。

➤ 单击选择其他位置按钮，然后浏览到包含项目定义文件的目录。

➤ 单击创建默认工作区按钮，在指定的目录中创建 workspace.mel 项目定义文件。

按照这种方式创建项目定义文件不会自动创建项目位置（如主项目位置和次项目位置）。这意味着设置项目更类似于项目占位符而非完整的 Maya 项目。建议选择文件（File）→项目窗口（Project Window）菜单命令，然后在项目窗口界面打开项目，检查设置并接受。

图 1-25　设置项目操作

第 2 章

NURBS 建模基础

 关 键 知 识 点

- NURBS 曲线和曲面基本概念
- 创建 NURBS 曲线
- 编辑 NURBS 曲线
- 创建 NURBS 曲面
- 编辑 NURBS 曲面

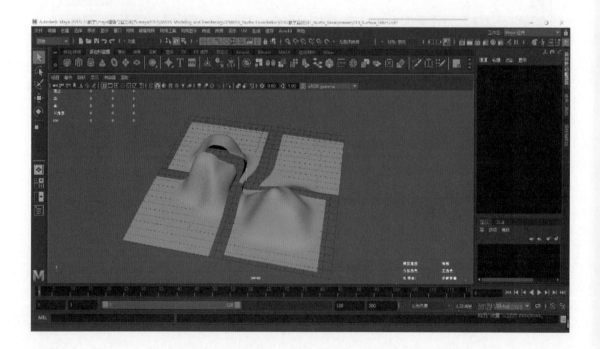

2.1 NURBS 曲线和曲面基本概念

NURBS 是一种在 Maya 中创建 3D 曲线和曲面的物体类型。基于数学表示的 NURBS 曲线和曲面具有十分光滑的表面特性。在工业设计领域，多用 NURBS 进行模型的创建和设计。在 Maya 中，我们不仅仅利用 NURBS 物体来构建模型，还利用 NURBS 物体所具有的独特的连续性及参数化、数据化特征来创建特殊的动画和动力学特效。当然，我们也可以以多边形物体方式为多边形构建基础模型。

下面来学习 Maya 中 NURBS 的具体知识，首先来认识 NURBS 曲线。

2.1.1 NURBS 曲线的组件

首先，在视图场景中，使用创建（Create）菜单命令创建一个 NURBS 圆形，或者使用铅笔绘制工具在视图中自由绘制一条曲线。在 NURBS 圆形上右击，在弹出的菜单中可以选择不同的组件类型，从而在 NURBS 圆形上显示出对应的组件，如图 2-1 所示。

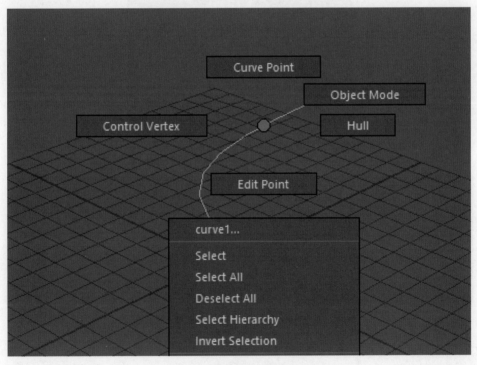

图 2-1 NURBS 曲线的组件

NURBS 曲线由 4 个基本组件构成，分别是曲线点（Curve Point）、编辑点（Edit Point）、控制顶点（Control Vertex）及壳线（Hull）。

1. 曲线点

曲线点是指曲线上任意位置的点。我们可以通过界面状态行或在物体上右击的方式，进入曲线点选择模式，然后在曲线上单击并滑动，可以看到曲线是由一连串的无间距的点构成的，这些点就是曲线点。曲线点只能被选择，不能被进行变换操作。

2. 编辑点

编辑点是一种具有编辑变换能力的特殊的曲线点，如图 2-2 所示。编辑点又称结，主要用于标记曲线的跨度。选择曲线，在 NURBS Curve History 下拉列表中，跨度（Spans）栏显示了当前曲线的跨度，如图 2-3 所示。跨度也就是俗称的段数。两个编辑点之间为一个跨度，也就是一个段数，较长、较复杂的曲线通常需要多个跨度曲线来进行绘制，也就是需要更多的编辑点来进行相应的构造。虽然编辑点具有一定的可变换能力，但通常并不通过编辑点来改变曲线形态。

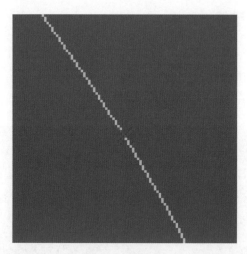

图 2-2　编辑点

图 2-3　NURBS Curve History 下拉列表

3. 控制顶点

控制顶点不是曲线上的点，而是在曲线外面的点。变换控制顶点是改变曲线形态最基本也是最重要的手段，并具有更大的变形能力和操控能力。

4. 壳线

如图 2-4 所示，壳线是连续曲线点之间的连线所形成的一条控制线，用来表示曲线点之间的顺序关系。

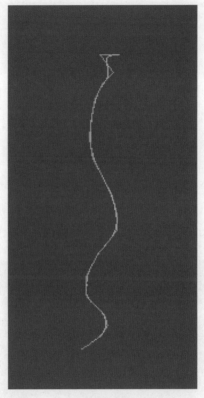

图 2-4　壳线

2.1.2　NURBS 曲线的度数

选择 NURBS 曲线，在 EP Curve Settings 下拉列表中的曲线度数（Curve degree，又称曲线次数）栏选择当前曲线次数，如图 2-5 所示，默认值是 3，通常称为 3 次方曲线或 3 次曲线。在 NURBS 曲线创建时的属性参数面板中可以对曲线次数进行修改，这对构建的 NURBS 曲线具有决定性意义。曲线次数表示 NURBS 曲线可弯曲的自由度，用于控制每个跨度中可用于建模的曲线点的数量。曲线次数越高，曲线点就越多，NURBS 曲线的弯曲精度也就越高，意味着 NURBS 曲线的可控性越高。

M Tool Settings		— □ ×
EP Curve Tool	Reset Tool	Tool Help
▼　EP Curve Settings		

Curve degree:	● 1 Linear	● 2
	● 3 Cubic	● 3 Bezier
	● 5	● 7
Knot spacing:	● Uniform	● Chord length

图 2-5　EP Curve Settings 下拉列表

2.2　创建 NURBS 曲线

在 Maya 中，创建 NURBS 曲线主要有 3 种方法：通过菜单方式或工具架方式创建 NURBS 曲线，主要包括圆和四边形；通过曲线工具创建 NURBS 曲线；通过从曲面中提取曲线创建 NURBS 曲线。下面介绍前两种方法。

2.2.1　通过菜单方式或工具架方式创建 NURBS 曲线

选择创建（Create）→ NURBS 基本几何体（NURBS Primitives）→ 圆形（Circle）或方形（Square）菜单命令，可以创建 NURBS 曲线，如图 2-6 所示。也可以通过工具架上的 NURBS Circle 或 NURBS Square 按钮来创建 NURBS 曲线，如图 2-7 所示。

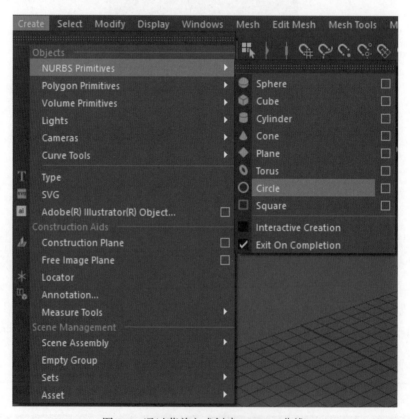

图 2-6　通过菜单方式创建 NURBS 曲线

图 2-7　通过工具架方式创建 NURBS 曲线

如果选择 Circle 菜单命令，可以在场景中创建一个 NURBS 圆形，如图 2-8 所示。

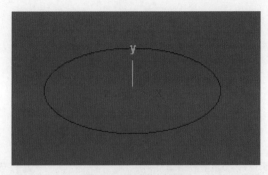

图 2-8　NURBS 圆形

在 Circle History 下拉列表中显示了 NURBS 圆形参数，如图 2-9 所示。

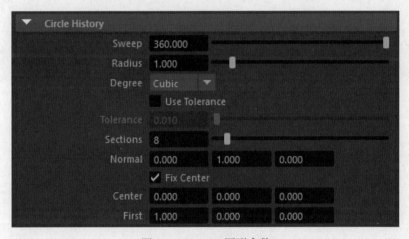

图 2-9　NURBS 圆形参数

NURBS 圆形参数主要包括以下几个。

● 扫描（Sweep）：默认为 360.000，即为一个封闭的圆形，如果设置为 180.000，则为一个半圆。

● 半径（Radius）：半径越大，圆形越大，默认为 1.000。

● 度数（Degree）：默认为 Cubic，有线性（Linear）、立方（Cubic）两个选项。

● 分段数（Sections）：通过分段数可以控制圆形的形态。

选择方形（Square）菜单命令，在场景中创建一个 NURBS 方形，如图 2-10 所示。

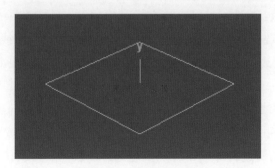

图 2-10　NURBS 方形

Maya 建模项目教程

此方形是由 4 段并未连接的线构成的，只能通过对单段线进行设置来改变此方形的形态。

2.2.2 通过曲线工具创建 NURBS 曲线

选择创建（Create）→曲线工具（Curve Tools）菜单命令，可以打开曲线工具菜单，如图 2-11 所示。

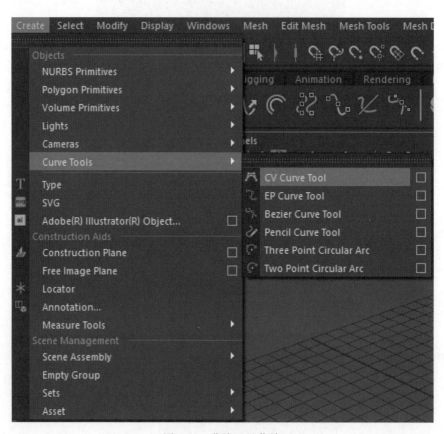

图 2-11 曲线工具菜单

在曲线工具菜单中，提供了一系列创建 NURBS 曲线的工具。

1. CV Curve Tool

通过 CV Curve Tool 工具，可以直接在场景中绘制 NURBS 曲线。在通过该工具创建 NURBS 曲线的主要参数是曲线次数，其关乎到曲线点的数量。曲线次数默认为 3，在场景中至少单击 4 次才会出现一条 NURBS 曲线，其他次数同理。单击回车键来完成 NURBS 曲线的创建。

在绘制 NURBS 曲线的过程中，按 Insert 键可以进入曲线点的编辑状态，然后通过编辑曲线点进行曲线形态的调节，如图 2-12 所示。选择曲线点后，按 Delete 键可以删除曲线点。通过键盘上的方向键进行导航，可以快速选择曲线点。再次按 Insert 键可以继续绘制 NURBS 曲线。

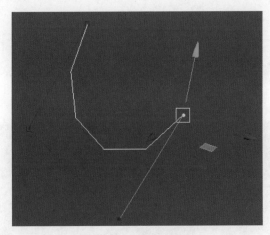

图 2-12　调节曲线形态

2. EP Curve Tool

EP Curve Tool 工具通过编辑点创建 NURBS 曲线。通过 EP Curve Tool 工具创建的 NURBS 曲线的主要参数仍然是曲线次数。

3. Bezier Curve Tool

Bezier Curve Tool 工具使用次数不多。通过 Bezier Curve Tool 工具创建的曲线不是严格意义上的 NURBS 曲线。

4. Pencil Curve Tool

通过 Pencil Curve Tool 工具，可以在场景中任意绘制曲线，而且绘制后的曲线点比较密集。对于通过 Pencil Curve Tool 工具创建的 NURBS 曲线，在后期要精简曲线点，也可以手动删除多余的曲线点。

5. Three Point Circular Arc

通过 Three Point Circular Arc 工具，在视图中单击 3 个控制点，就可以在这 3 个控制点之间创建一条三点圆弧曲线，如图 2-13 所示。可以通过度数、段数等参数来改变三点圆弧曲线的形态。

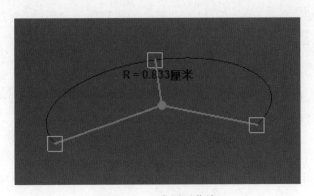

图 2-13　三点圆弧曲线

6. Two Point Circular Arc

通过 Two Point Circular Arc 工具，在场景中单击两个控制点，可在这两个控制点之间创建一条两点圆弧曲线，如图 2-14 所示。可以通过这两个控制点来控制圆弧的大小、形态和创建位置。

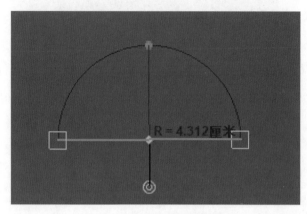

图 2-14　两点圆弧曲线

2.3　编辑 NURBS 曲线

除了最常用的通过控制顶点的方式来调节 NURBS 曲线的形态之外，还可以通过一些菜单命令来完成 NURBS 曲线的编辑操作。

在 Curves 菜单中，有一系列的菜单命令可以对 NURBS 曲线进行编辑操作，如图 2-15 所示。下面就对其中的一些菜单命令加以介绍。

1. 锁定长度（Lock Length）

在第一次锁定曲线长度时，锁定长度（Lock Length）复选框被添加到 curveShape1 属性中，如图 2-16 所示。

勾选锁定长度（Lock Length）复选框后，曲线会保持一个恒定的状态，即始终保持恒定的壳线长度。拖动曲线的开始点可以带动整个曲线移动，而拖动 NURBS 曲线的末端点可以拉直曲线。

2. 解除锁定长度（Unlock Length）

通过解除锁定长度（Unlock Length）菜单命令，可以解除对曲线的锁定。NURBS 曲线被解除锁定后，便可以被任意地调节形态。

3. 弯曲（Bend）

通过弯曲（Bend）菜单命令，可以弯曲曲线。Bend Curves Options 界面如图 2-17 所示。

弯曲量（Bend amount）：用于控制弯曲的强度。

扭曲（Twist）：用于改变弯曲的方向。

图 2-15　Curves 菜单

图 2-16　锁定长度（Lock Length）复选框被添加到 Curve Shape1 属性中

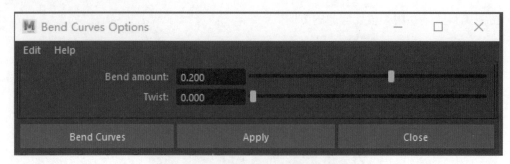

图 2-17　Bend Curves Options 界面

每单击一次应用（Apply）按钮，便对曲线执行一个弯曲操作。

4. 卷曲（Curl）

通过卷曲（Curl）菜单命令，可以使曲线呈现出一种螺旋状，且曲线的第一个点保持在原位。Curl Curves Options 界面如图 2-18 所示。

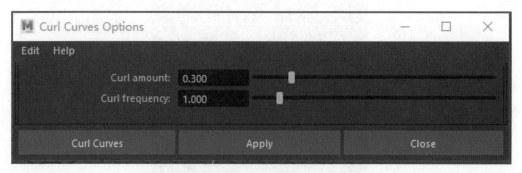

图 2-18　Curl Curves Options 界面

卷曲量（Curl amount）：用于控制卷曲的程度。

卷曲频率（Curl frequency）：用于控制卷曲的频率，即螺旋的圈数。

5. 缩放曲率（Scale Curvature）

通过缩放曲率（Scale Curvature）菜单命令，可以缩放曲线的曲率。Scale Curvature Options 界面如图 2-19 所示。

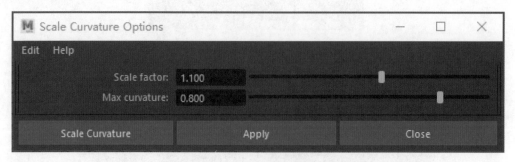

图 2-19　Scale Curvature Options 界面

比例因子（Scale factor）：如果被设置为 0，曲线会成为直线。

最大曲率（Max curvature）：用于设置曲率的阈值，如果被设置为 0，曲线会成为直线。

6. 平滑（Smooth）

通过平滑（Smooth）菜单命令，可以光滑曲线，并可以对一条曲线多次应用该菜单命令，使曲线成为直线。Smooth Curves Options 界面如图 2-20 所示。

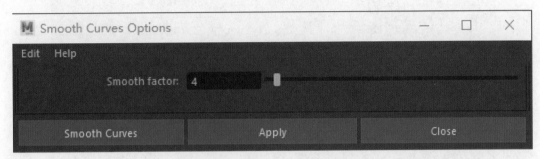

图 2-20　Smooth Curves Options 界面

7. 拉直（Straighten）

Straighten Curves Options 界面如图 2-21 所示。

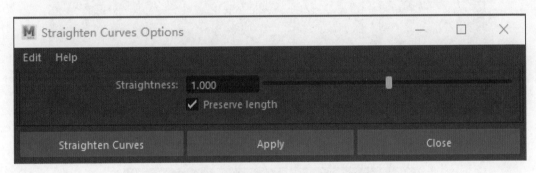

图 2-21　Straighten Curves Options 界面

平直度（Straightness）：用于控制拉直的强度。

勾选保持长度（Preserve length）复选框后，可以使曲线在拉直的过程中保持长度。

8. 复制曲面曲线（Duplicate Surface Curves）

通过复制曲面曲线（Duplicate Surface Curves）菜单命令，可以基于选定的曲面的边及它的等参线（Isoparm）或曲面上的曲线创建新的 NURBS 曲线。

NURBS 曲面最重要的结构线就是等参线。等参线（Isoparm）按钮如图 2-22 所示。

单击等参线（Isoparm）按钮，物体上会显示出 NURBS 曲面的等参线。

选择某一条等参线，使其在曲面上滑动，如图 2-23 所示。这样就可以选定隐藏的参数线，整个 NURBS 曲面就是通过这些等参线来进行结构设定的。

选择某一条等参线，通过复制曲面曲线（Duplicate Surface Curves）菜单命令，就可以复制出一条新的等参线，即生成一条新的 NURBS 曲线。Duplicate Surface Curves Options 界面如图 2-24 所示。

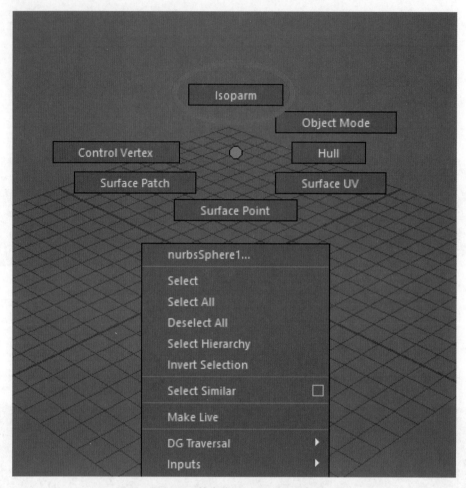

图 2-22　等参线（Isoparm）按钮

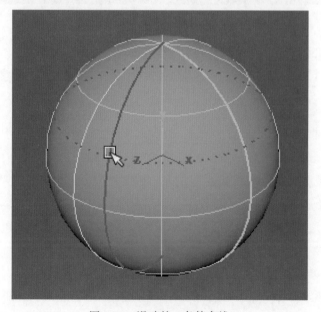

图 2-23　滑动某一条等参线

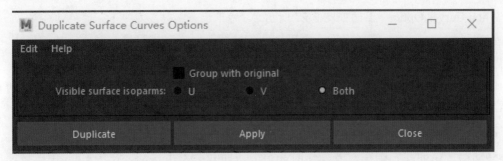

图 2-24　Duplicate Surface Curves Options 界面

勾选与原始对象分组（Group with original）复选框后，复制出的等参线就是 NURBS 曲面的子几何体。

选中 U 或 V 单选按钮，则会复制出对应轴向的等参线。选中 Both 单选按钮，则会将 U 和 V 对应轴向的等参线都复制出来。

9. 对齐（Align）

通过对齐（Align）菜单命令，可以使两条曲线的端点对齐，从而使两条曲线在曲率上或切线上保持一定的连续性。在场景中，绘制两条曲线，如图 2-25 所示。

选择两条曲线，单击对齐（Align）菜单命令，两条曲线的端点对齐，如图 2-26 所示。

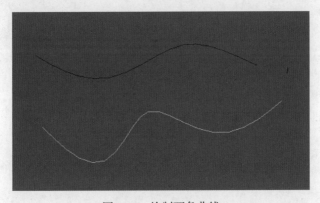

图 2-25　绘制两条曲线

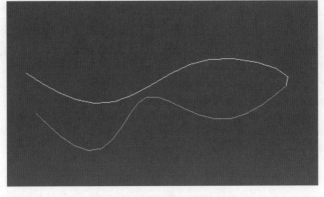

图 2-26　两条曲线的端点对齐

Align Curves Options 界面如图 2-27 所示。

勾选附加（Attach）复选框后，可以使两条曲线既对齐又进行接合操作，从而形成一条新的独立曲线。

连续性（Continuity）：默认以切线方式进行对齐操作，也可以以位置方式直接进行对齐操作而不调节曲率或切线，还可以以曲率方式进行对齐操作。

修改位置（Modify position）：默认移动第一条曲线，也可以选择移动第二条曲线。若选择移动第二条曲线，则在对齐操作时，第二条曲线会发生移动。选中 Both 单选按钮后，两条曲线同时发生移动来完成对齐操作。

修改切线（Modify tangent）：选择是修改第一条还是第二条曲线的切线或曲率，而另一条曲线则保持不变。

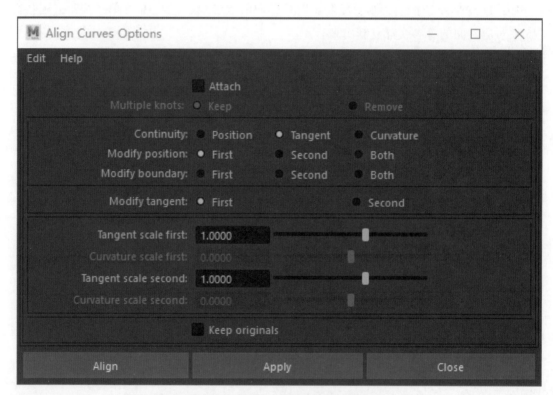

图 2-27　Align Curves Options 界面

10. 添加点工具（Add Points Tool）

在绘制曲线时，可以利用添加点工具（Add Points Tool）菜单命令继续添加点以延长曲线。

11. 附加（Attach）

通过附加（Attach）菜单命令，可以接合两条曲线成为一条曲线。Attach Curves Options 界面如图 2-28 所示。

选中混合（Blend）单选按钮，可以在端点处以曲率方式接合两条曲线。

选中连接（Connect）单选按钮，可以在端点处移动第二条曲线来接合两条曲线。

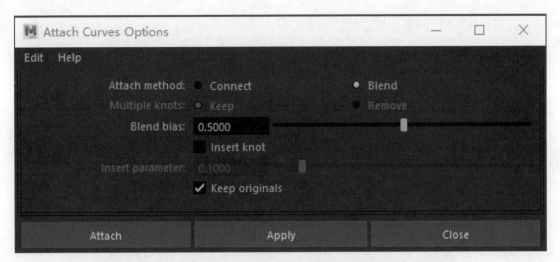

图 2-28　Attach Curves Options 界面

12. 分离（Detach）

通过分离（Detach）菜单命令，可以实现在选择的编辑点处分离曲线，形成两条独立的曲线。Detach Curves Options 界面如图 2-29 所示。

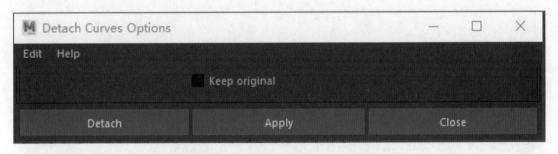

图 2-29　Detach Curves Options 界面

勾选保持原始（Keep original）复选框后，曲线被分离，除了得到两条分离后的独立曲线外，原始曲线也会被保留。

13. 编辑曲线工具（Edit Curve Tool）

通过编辑曲线工具（Edit Curve Tool）菜单命令，可以交互调节曲线的形态。选择编辑曲线工具（Edit Curve Tool）菜单命令后，在曲线上单击，曲线上出现一个操纵器。通过此操纵器可以调节曲线的形态，如图 2-30 所示。

14. 移动接缝（Move Seam）

通过移动接缝（Move Seam）菜单命令，可以改变闭合曲线接缝处的位置。

15. 开放 / 闭合（Open/Close）

起始为闭合曲线，执行开放 / 闭合（Open/Close）菜单命令后，会成为开放曲线；反之，起始为开放曲线，执行开放 / 闭合（Open/Close）菜单命令后，会成为闭合曲线。Open/

Close Curve Options 界面如图 2-31 所示。

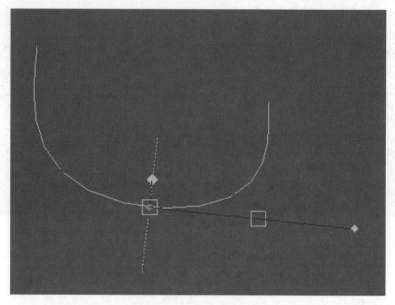

图 2-30　调节曲线的形状

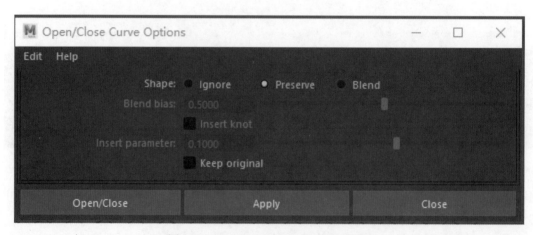

图 2-31　Open/Close Curve Options 界面

选中保留（Preserve）单选按钮后，维持曲线现有形态来执行开放 / 闭合操作。

选中忽略（Ignore）单选按钮后，直接以曲线的两个端点连接，忽略曲线原有形态。

选中混合（Blend）单选按钮后，以曲线的两个端点连接，维持原有曲率，对曲线原有形态改变较大。

在视图中，绘制三条相同的曲线，如图 2-32 所示。

针对这三条相同的曲线，分别选中忽略（Ignore）、保留（Preserve）、混合（Blend）单选按钮来执行闭合操作，其效果如图 2-33 所示。

16. 圆角（Fillet）

Fillet Curve Options 界面如图 2-34 所示。

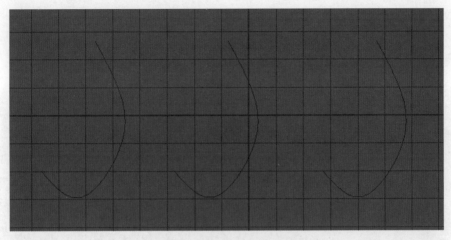

图 2-32　绘制三条相同的曲线

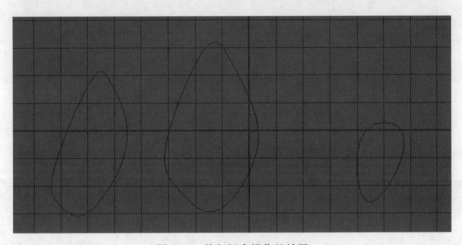

图 2-33　执行闭合操作的效果

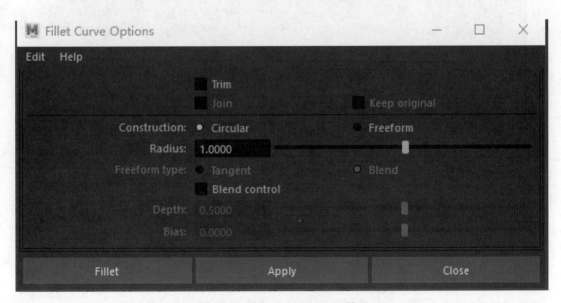

图 2-34　Fillet Curve Options 界面

选中圆形（Circular）单选按钮后，可以使两条曲线在某一夹角处形成一个圆弧（注：要求两条曲线在空间中存在交点或在延伸方向上能够形成交点）。

例如，两条相交的曲线如图 2-35 所示。

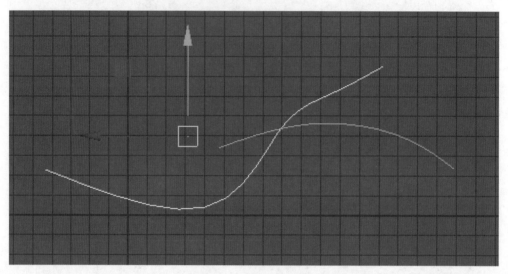

图 2-35　两条相交的曲线

执行圆角（Fillet）菜单命令，并选中圆形（Circular）单选按钮后，两条相交的曲线在某一个夹角外形成了一个圆弧，如图 2-36 所示。

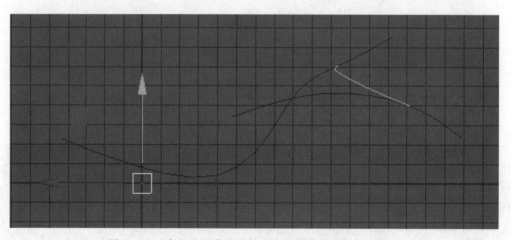

图 2-36　两条相交的曲线在某一个夹角外形成了一个圆弧

选中自由方式（Freeform）单选按钮后，可以自由地选择两条曲线上的点，并通过选择的点，在选择点之间形成圆弧。

勾选修剪（Trim）复选框，可以通过生成的圆角位置来对原始曲线进行剪切，并在剪切之后的两条曲线之间形成圆弧衔接点。

17. 切割（Cut）

通过切割（Cut）菜单命令，可以对两条相交的曲线进行切割操作。Cut Curve Options

界面如图 2-37 所示。

执行切割操作的两条曲线在视图空间中一定要能够相交。对相交的两条曲线进行切割操作分为两种情况：一种是当两条曲线在视图空间中发生实质相交时，在 Find intersections 选区选中 In 2D and 3D 单选按钮，在相交点完成切割操作，切割成独立的曲线；另一种是当两条曲线在视图空间中的视线方向上发生相交时，在 Direction 选区选中 Active view 单选按钮或 Free 单选按钮，在视线相交点处完成切割操作。

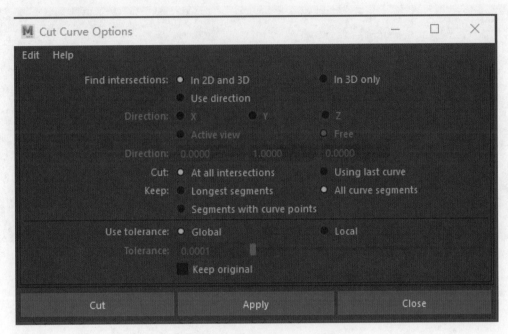

图 2-37　Cut Curve Options 界面

18. 相交（Intersect）

相交（Intersect）菜单命令没有实质上的意义，只是起到显示相交点定位信息的作用。执行该菜单命令后，会在两条曲线的相交点显示标记，如图 2-38 所示。这个标记只是起到便于识别的作用，不能对此标记执行编辑操作。

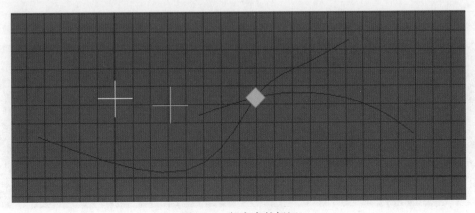

图 2-38　相交点的标记

19. 延伸（Extend）

延伸（Extend）菜单命令被使用在以下两种情况中。

（1）直接延伸场景中的曲线：通过该菜单命令，可以在曲线的起始端或末端位置以直线或圆弧方式延长曲线。Extend Curve Options 界面如图 2-39 所示。

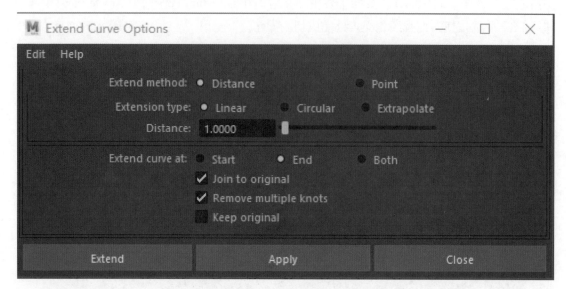

图 2-39　Extend Curve Options 界面

（2）延伸曲面上的曲线。

20. 插入结（Insert Knot）

通过插入结（Insert Knot）菜单命令，可以在原有曲线上插入点。插入结（Insert Knot）菜单命令与添加点工具（Add Points Tod）菜单命令是不同的，添加点工具（Add Points Tod）菜单命令是用来延长曲线的，而插入结（Insert Knot）菜单命令是在曲线自身上插入点的。执行插入结（Insert Knot）菜单命令时，可以在当前选择的一处插入点，也可以在当前选择的两处之间插入点。Insert Knot Options 界面如图 2-40 所示。

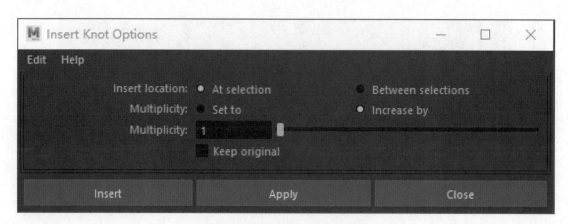

图 2-40　Insert Knot Options 界面

21. 偏移（Offset）

（1）偏移场景中的曲线：执行偏移（Offset）菜单命令后，会在原曲线平行的位置复制出一条曲线，并由偏移距离（Offset distance）参数来控制原曲线与复制的曲线之间的距离。

Offset Curve Options 界面如图 2-41 所示。

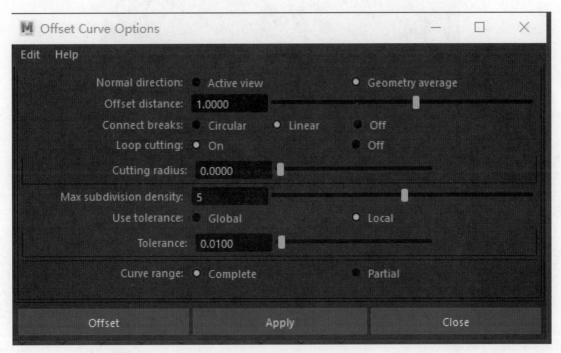

图 2-41　Offset Curve Options 界面

（2）偏移曲面上的曲线。

22. CV 硬度（CV Hardness）

在场景中绘制一条曲线，如图 2-42 所示。

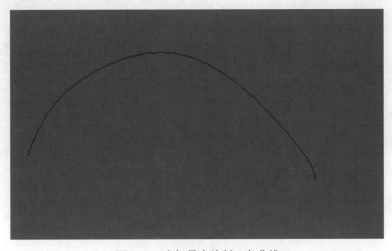

图 2-42　在场景中绘制一条曲线

选择一个控制顶点，执行 CV 硬度（CV Hardness）菜单命令的效果如图 2-43 所示。在选择的控制顶点处形成一个锐角，可以通过该菜单命令来创建折角形态。

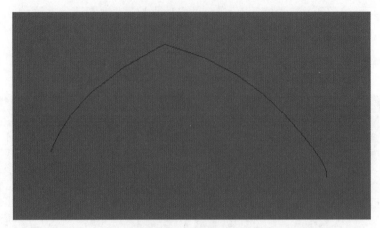

图 2-43　执行 CV 硬度（CV Hardness）菜单命令的效果

23. 平滑（Smooth）

通过平滑（Smooth）菜单命令，可以平滑曲线。

24. 重建（Rebuild）

通过重建（Rebuild）菜单命令，可以使一条曲线成为均匀的、标准的规范曲线，并使控制顶点均匀分布。Rebuild Curve Options 界面如图 2-44 所示。

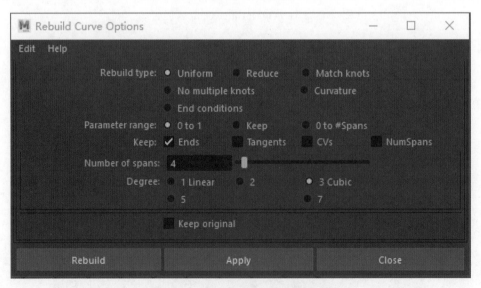

图 2-44　Rebuild Curve Options 界面

选中一致（Uniform）单选按钮，可以通过均匀化方式进行重建操作，这也是最常用的方式。

选中减少（Reduce）单选按钮，可以通过精简的方式进行重建操作。

25. 反转方向（Reverse Direction）

通过反转方向（Reverse Direction）菜单命令，可以反转曲线的方向，即使曲线的起始端和末端交换位置。

2.4 创建 NURBS 曲面

NURBS 曲面可以通过工具架上的曲面创建工具创建，如图 2-45 所示，也可以通过曲面（Surfaces）菜单中的相关创建（Creat）菜单命令创建，如图 2-46 所示。下面就介绍曲面（Surfaces）菜单中的相关创建（Creat）菜单命令。

1. 放样（Loft）

放样就是沿一系列截面曲线形态通过蒙皮的方式来构建曲面的一种操作方式。在进行放样操作时，尽可能让截面曲线在细分段数上保持一致，这样才能保证最终曲面保持较好的表面细分效果。如何让截面曲线在细分段数上保持一致呢？方式一，复制曲线；方式二，在属性面板中修改段数使之保持一致。例如，在场景中，首先创建一个圆形，如图 2-47 所示；然后复制此圆形得到两个相同段数的圆形，如图 2-48 所示；最后对这两个圆形进行放样操作，得到一个曲面，如图 2-49 所示。

图 2-45　工具架上的曲面创建工具

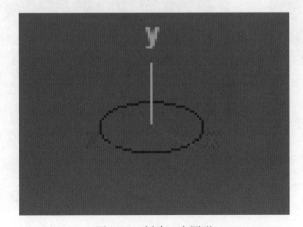

图 2-47　创建一个圆形

图 2-46　曲面（Surfaces）菜单

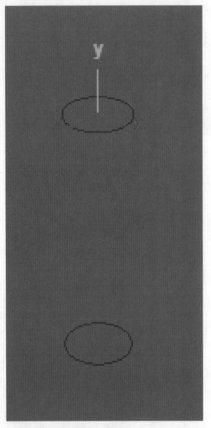

图 2-48 得到两个相同段数的圆形

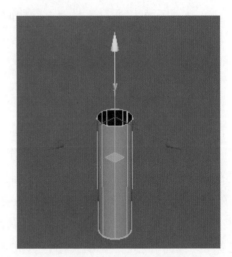

图 2-49 得到一个曲面

通过改变曲线的形态可以改变曲面的形态。例如，选择并缩放图 2-49 中曲面上面的曲线，从而改变曲面的形态，如图 2-50 所示。选择控制顶点，移动部分控制顶点，从而改变曲面的形态，如图 2-51 所示。

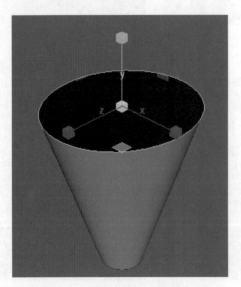

图 2-50 缩放曲面上面的曲线

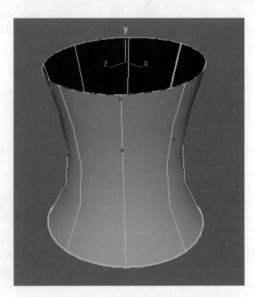

图 2-51 移动部分控制顶点

上面的例子是利用两条曲线来构造曲面的，下面通过 3 条曲线构造曲面，如图 2-52 所示。

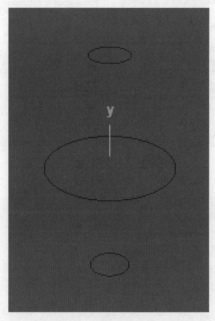

图 2-52　绘制 3 条曲线

从上到下依次选择 3 条曲线进行放样操作，其效果如图 2-53 所示。如果改变 3 条曲线的选择顺序后再进行放样操作，那么得到的曲面形态就会不同。例如，先选择最上面的曲线，再选择最下面的曲线，最后选择中间较大的曲线，进行放样操作，其效果如图 2-54 所示。因此，在执行放样操作时，要注意曲线的选择顺序以达到预期目的。

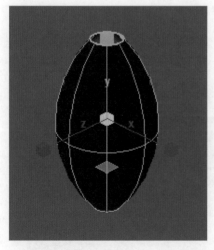

图 2-53　依次选择 3 条曲线的放样效果　　　图 2-54　改变 3 条曲线的选择顺序后的放样效果

可以对其他不规则曲线进行放样。例如，创建 3 条不规则曲线，如图 2-55 所示，依次选择 3 条不规则曲线的放样效果如图 2-56 所示。

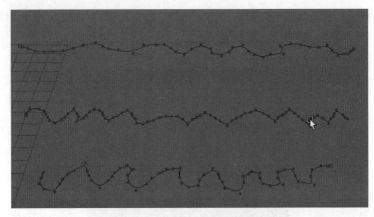

图 2-55　创建 3 条不规则曲线

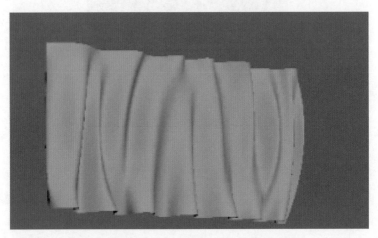

图 2-56　依次选择 3 条不规则曲线的放样效果

2. 平面（Planar）

在场景中创建一个 NURBS 圆形，在此圆形上执行平面（Planar）菜单命令，得到一个圆形曲面，如图 2-57 所示。注意：曲线上的所有点必须在一个面上（共面），若不在一个面上，则不能形成理想的效果，可以移动部分控制顶点以达到共面。

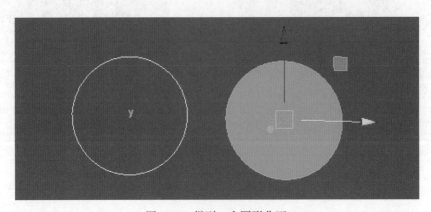

图 2-57　得到一个圆形曲面

可以利用多条曲线复合计算来构建曲面。例如，创建几组曲线，如图 2-58 所示，执行平面（Planar）菜单命令后，得到如图 2-59 所示的效果。

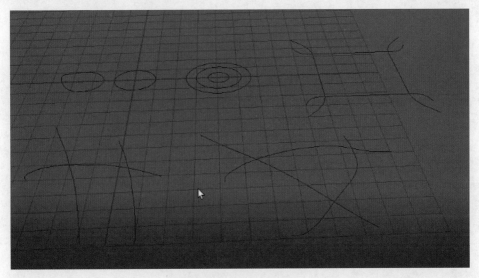

图 2-58　创建几组曲线

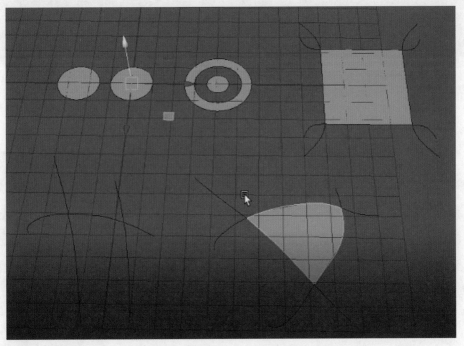

图 2-59　执行平面（Planar）菜单命令后的效果

由于图 2-58 中左下方的曲线没有构成一个闭合的区域，所以就不能通过执行平面（Planar）菜单命令来构造一个曲面。

执行平面（Planar）菜单命令实际上就是利用曲线对平面进行剪切操作。在执行平面（Planar）菜单命令后，就会多出一个修剪边（Trim Edge）组件，如图 2-60 所示。

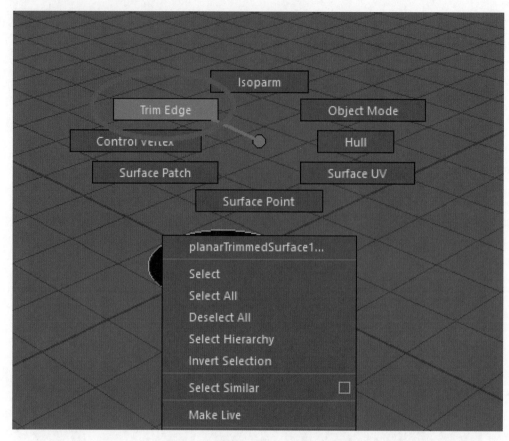

图 2-60　修剪边（Trim Edge）组件

3. 旋转（Revolve）

旋转就是围绕曲线坐标的特定轴向，旋转剖面曲线，然后通过连续扫描的方式来构建曲面的一种操作方式。

在场景中，绘制一条剖面曲线，如图 2-61 所示。

Revolve Options 界面如图 2-62 所示。

以默认方式进行旋转操作的效果如图 2-63 所示。

在执行旋转（Revolve）菜单命令时，要注意曲线的坐标位置、旋转轴向的选择及扫描的角度，这些是影响旋转操作效果的重要因素。

4. 双轨成形（Birail）

双轨成形（Birail）菜单命令包括 3 个子命令：双轨成形 1（Birail 1）、双轨成形 2（Birail 2）、双轨成形 3+（Birail 3+）。

双轨成形就是沿两条固定曲线扫描一系列剖面曲线来创建曲面的一种操作方式。双轨成形操作可以形成独特的曲面形态。双轨成形操作要求剖面曲线必须和轨道曲线相交。

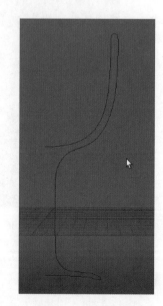

图 2-61　绘制一条剖面曲线

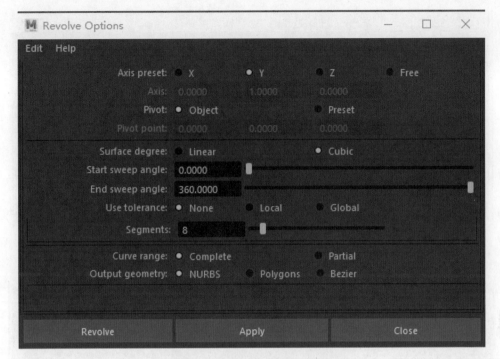

图 2-62　Revolve Options 界面

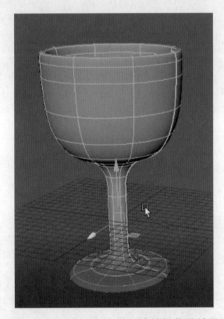

图 2-63　以默认方式进行旋转操作的效果

Birail 1 Options 界面如图 2-64 所示。

如果选中不成比例（Non proportional）单选按钮，则曲面不会根据轨道的变化而成比例缩放；相反，如果选中成比例（Proportional）单选按钮，则在构造曲面时，剖面形态会根据两条轨道的变化而成比例合理缩放。

Birail 2 Options 界面如图 2-65 所示。

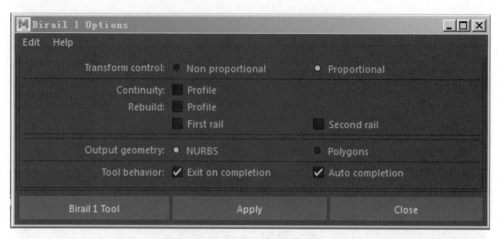

图 2-64　Birail 1 Options 界面

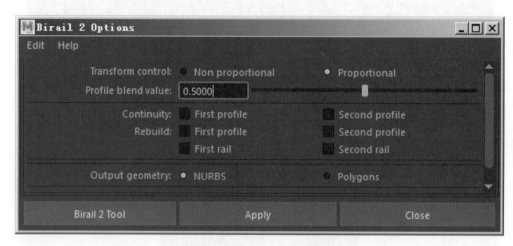

图 2-65　Birail 2 Options 界面

　　在执行双轨成形 2（Birail 2）菜单命令时，一定要先选择两条剖面曲线，然后选择轨道曲线。Birail 3 + Options 界面如图 2-66 所示。

图 2-66　Birail 3 + Options 界面

在执行双轨成形 3+（Birail 3+）菜单命令时，先选择 3 条剖面曲线，再按回车键，然后继续选择两条轨道，方能得到理想的效果。

如图 2-67 所示，在场景中绘制 3 组曲线，第一组只有一条剖面曲线和两条轨道曲线，执行双轨成形 1（Birail 1）菜单命令；第二组有两条剖面曲线和两条轨道曲线，执行双轨成形 2（Birail 2）菜单命令；第三组有 3 条剖面曲线和两条轨道曲线，执行双轨成形 3+（Birail 3+）菜单命令。双轨成形操作的效果如图 2-68 所示。

图 2-67　在场景中绘制 3 组曲线

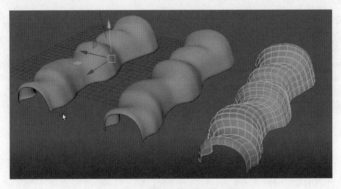

图 2-68　双轨成形操作的效果

5. 挤出（Extrude）

挤出就是沿路径扫描剖面曲线，从而创建曲面的一种操作方式。Extrude Options 界面如图 2-69 所示。

在执行挤出（Extrude）菜单命令时，首先选择剖面曲线，其次选择路径曲线，然后进行挤出操作。

在样式（Style）选区中，如果选中距离（Distance）单选按钮，只需要一个剖面曲线即可以得到一个曲面效果；如果选中平坦（Flat）单选按钮，则剖面曲线与路径曲线不是相切的状态，可以得到一个完全的平面效果；如果选中管（Tube）单选按钮，则可以得到一个管状的曲面效果。

在结果位置（Rosult position）选区中，可以选中在剖面处（At profile）单选按钮，即曲面位置在剖面处；也可以选中在路径处（At path）单选按钮，即曲面位置是在路径处。

Maya 建模项目教程

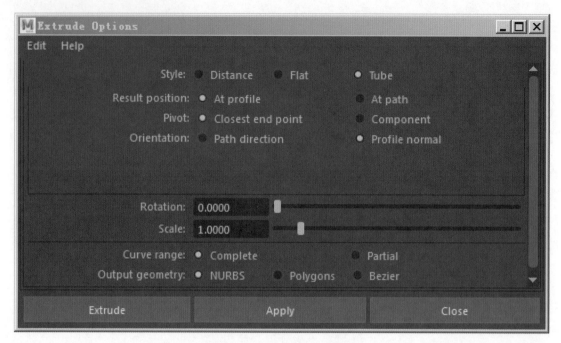

图 2-69　Extrude Options 界面

在枢轴（Pivot）选区中，最近结束点（Closest end point）单选按钮是默认被选中的；如果选中组件（Component）单选按钮，则成形的曲面完全匹配路径，完全以剖面相切的状态进行挤压操作。如果剖面或路径不是完全标准的曲线模式，通常选中组件（Component）单选按钮。

通过调节旋转（Rotation）参数滑块，可以使得到的曲面发生旋转螺旋效果。

通过调节比例（Scale）参数滑块，可以使得到的曲面发生缩放锥化效果。

在场景中绘制了 3 组剖面曲线和路径曲线，如图 2-70 所示。分别执行挤出（Extrude）菜单命令后，其效果如图 2-71 所示。

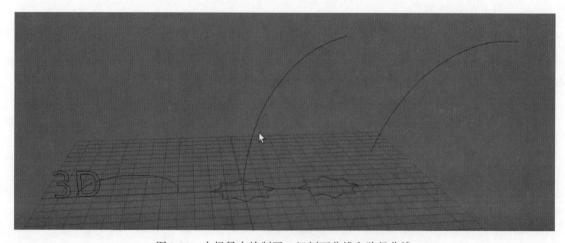

图 2-70　在场景中绘制了 3 组剖面曲线和路径曲线

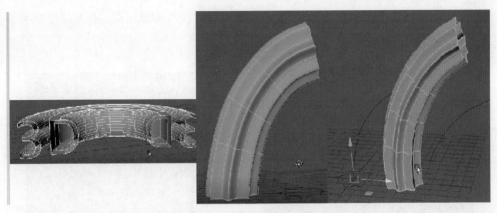

图 2-71 挤出操作的效果

6. 边界（Boundary）和方形（Square）

边界（Boundary）和方形（Square）这两个菜单命令在使用方式上有共同之处，所以一起来学习它们。

边界操作可以针对 4 条边曲线进行成形，也可以针对 3 条边曲线进行成形。

Boundary Options 界面如图 2-72 所示。

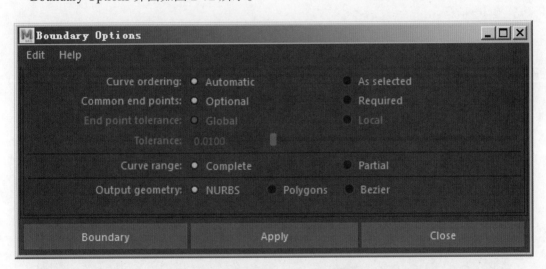

图 2-72 Boundary Options 界面

在曲线顺序（Curve ordering）选区中，默认选中的是自动（Automatic）单选按钮；若选中作为选定项（As selected）单选按钮，则按照选择顺序来执行边界操作。

在视图中，一组曲线由 4 条曲线组成，在执行边界（Boundary）菜单命令时，如果选择曲线的顺序不同，则得到的曲面效果也不同，如图 2-73 所示。

方形操作要求曲线是相交的，得到的效果与边界操作的效果稍有不同。

在执行方形（Square）菜单命令时，如果选择曲线的顺序不同，则得到的效果也不同。方形操作对顺序选择有严格的定义，即要求按顺时针或逆时针依次选择曲线，而交错选择曲线则无法得到理想的效果。

在场景中绘制一组相交的曲线，依次选择曲线后，执行方形（Square）菜单命令，其效果如图 2-74 所示。

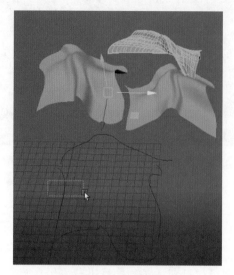

图 2-73　边界操作的效果

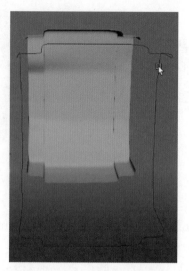

图 2-74　方形操作的效果

7. 倒角（Bevel）

Bevel Options 界面如图 2-75 所示。

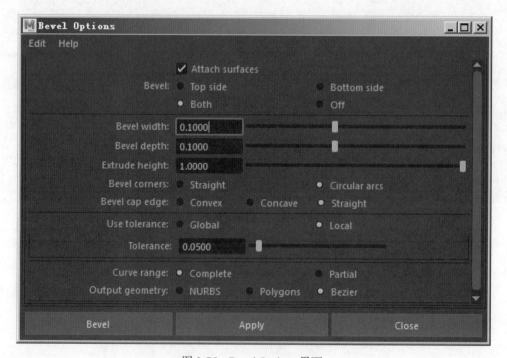

图 2-75　Bevel Options 界面

在倒角（Bevel）选区中，默认选中的是二者（Both）单选按钮，即同时在顶边和底边两侧生成倒角效果。

在场景中创建一个 NURBS 圆形，倒角操作的效果如图 2-76 所示。

也可以通过 Bevel History 界面的宽度（Width）、深度（Depth）等参数来调节倒角的效果，如图 2-77 所示。

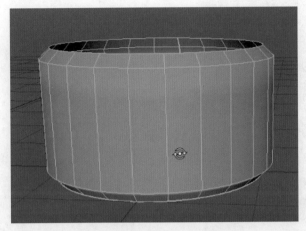

图 2-76　倒角操作的效果

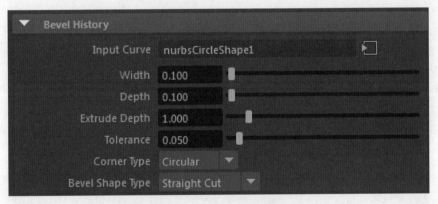

图 2-77　Bevel History 界面

2.5　编辑 NURBS 曲面

在 Maya 中，NURBS 曲面的操作和 NURBS 曲线的操作相比，在操作形式或操作方式上有很多一致性。

曲面（Surfaces）菜单如图 2-78 所示。下面就学习曲面（Surfaces）菜单中的编辑 NURBS 曲面（Edit NURBS Surfaces）菜单命令。

1. 复制 NURBS 面片（Duplicate NURBS Patch）

在场景中，创建一个 NURBS 球体，如图 2-79 所示。

单击曲面面片（Surface Patch）组件，如图 2-80 所示。

图 2-78　曲面（Surfaces）菜单

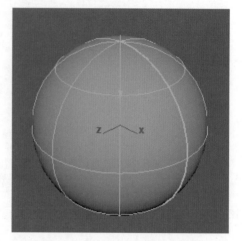

图 2-79　创建一个 NURBS 球体

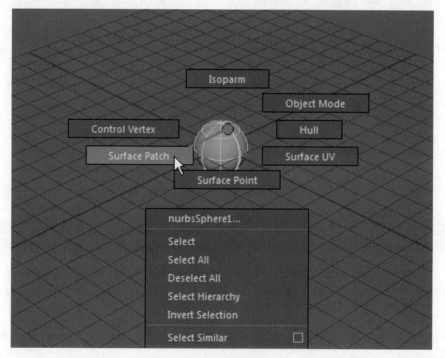

图 2-80　单击曲面面片（Surface Patch）组件

　　这时，球体表面有很多点，通过这些点可以选择曲面的面片，如图 2-81 所示。

　　通过点选择曲面的面片后，执行复制 NURBS 面片（Duplicate NURBS Patch）菜单命令，可以得到新的曲面，如图 2-82 所示。

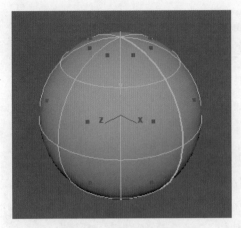

图 2-81　球体表面的点

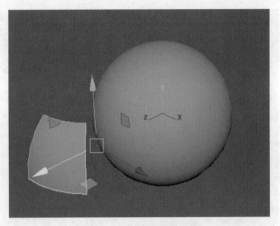

图 2-82　得到新的曲面

如果同时选中曲面的多个面片，执行复制 NURBS 面片（Duplicate NURBS Patch）菜单命令后，可以得到多个独立的面片。

2. 对齐（Align）

Align Surfaces Options 界面如图 2-83 所示。

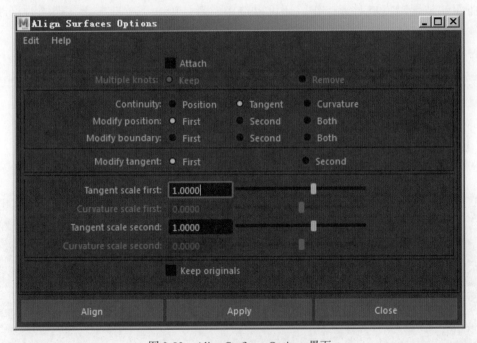

图 2-83　Align Surfaces Options 界面

在连续性（Continuity）选区中，默认选中的是切线（Tangent）单选按钮，即以切线方式对齐；如果选中曲率（Curvature）单选按钮，则以曲率方式对齐；如果选中位置（Position）单选按钮，则以位置方式对齐。

如图 2-84 所示，最下面一层是两个原物体，倒数第二层是以切线方式对齐的效果，倒数第三层是以曲率方式对齐的效果，最上面一层是以位置方式对齐的效果。

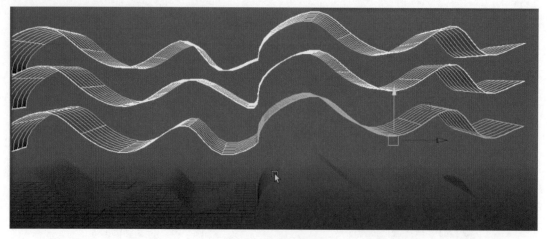

图 2-84　对齐的效果

在执行对齐操作时，也可以手动选择要对齐的位置，即分别在两个曲面上各选择一条等参线，然后执行对齐操作，第一个曲面对齐到第二个曲面上被选择的等参线位置。

在修改位置（Modify position）选区中，默认选中的是第一个（First）单选按钮，即修改第一个曲面的位置以完成对齐操作；也可以选中第二个（Second）单选按钮，即修改第二个曲面的位置以完成对齐操作；还可以选中二者（Both）单选按钮，即同时修改第一个或第二个曲面的位置以完成对齐操作。

在修改边界（Modify boundary）选区中，须要选择对齐的边。如果选中第一个（First）单选按钮，则以第一个选择的等参线对齐；如果选中第二个（Second）单选按钮，则以第二个选择的等参线对齐。

3. 附加（Attach）

Attach Surfaces Options 界面如图 2-85 所示。

图 2-85　Attach Surfaces Options 界面

在附加方式（Attach method）选区中，选中混合（Blend）单选按钮，即以平滑的方式连接两个曲面；选中连接（Connect）单选按钮，即直接连接两个曲面，在连接处没有任何圆滑的效果，属于一种直线连接。

也可以选择等参线来指示连接的确定位置，即将第一条曲面连接到第二条曲面上被选择的等参线处。

4. 附加而不移动（Attach Without Moving）

在执行附加而不移动操作之前，必须选择等参线。在执行附加而不移动操作时，两个曲面本身不会发生移动，而是在两个等参线之间以新建曲面的方式来完成连接的。

5. 分离（Detach）

分离（Detach）菜单命令主要通过曲面的等参线来进行分离的操作。若同时选择了横向和纵向的等参线，则首先在一个方向上分离曲面，然后选择另一个方向的等参线继续分离曲面。

6. 移动接缝（Move Seam）

移动接缝（Move Seam）菜单命令主要针对于封闭的 NURBS 曲面，通过非闭合的等参线来进行移动曲面接缝的操作。

7. 开放 / 闭合（Open/Close）

对于闭合的曲面，可以对其执行开放操作；反之，对于开放的曲面，可以对其执行闭合操作。Open/Close Surface Options 界面如图 2-86 所示。

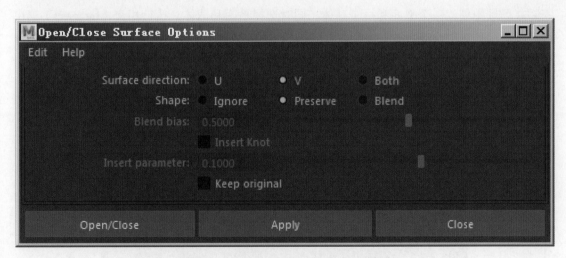

图 2-86　Open/Close Surface Options 界面

在曲面方向（Surface direction）选区中可以选择在哪个方向上进行开放 / 闭合操作，既可以在两个方向上进行操作，也可以在其中一个方向上进行操作。

8. 相交（Intersect）

Intersect Surfaces Options 界面如图 2-87 所示。

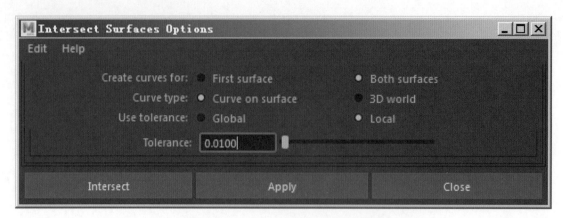

图 2-87　Intersect Surfaces Options 界面

　　执行相交（Intersect）菜单命令的目的就是求曲面上的相交曲线，因此最好配合修剪工具来完成对曲面的修剪。

　　在为以下项创建曲线（Create curves for）选区中，如果选中第一曲面（First surface）单选按钮，那么就在第一曲面上创建相交曲线，只有拥有相交曲线的曲面才能进行修剪操作；如果选中两个面（Both surfaces）单选按钮，那么就在两个曲面上同时创建相交曲线，默认选中的是两个面（Both surfaces）单选按钮。

　　在曲线类型（Curve type）选区中，如果选中曲面上的曲线（Cure on surface）单选按钮，那么得到的相交曲线是曲面本身的一条曲线；如果选中 3D 世界（3D world）单选按钮，那么得到的相交曲线是一条独立的曲线。

　　在场景中创建一个平面和一个球体，同时选择平面和球体，执行相交（Intersect）菜单命令就会得到相交曲线。若选中两个面（Both surfaces）单选按钮，那么此曲线在平面和球体上都会存在，如图 2-88 所示。

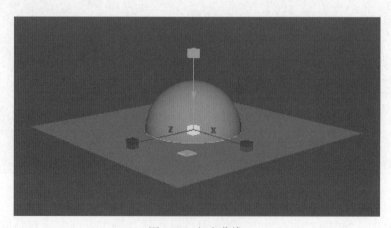

图 2-88　相交曲线

　　利用得到的相交曲线，可以对曲面进行修剪操作。

　　选择修剪工具之后，整个平面成为一种可操作的选择状态，再通过相交曲线（曲面上的曲线）来把当前曲面分割成两个部分，如图 2-89 所示。

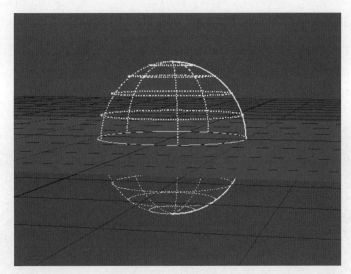

图 2-89　执行修剪工具

Tool Settings 界面如图 2-90 所示。

图 2-90　Tool Settings 界面

　　选中保持（Keep）单选按钮，并将点选定在球体的上方区域，按回车键后，球体的下方被修剪，如图 2-91 所示。

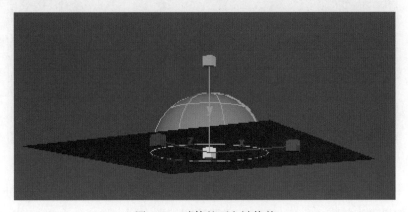

图 2-91　球体的下方被修剪

9. 在曲面上投影曲线（Project Curve on Surface）

执行在曲面上投影曲线（Project Curve on Surface）菜单命令，可以将曲线投影到曲面，从而形成曲面上的曲线，再通过这个投影曲线可以对曲面进行修剪操作。Project Curve on Surface Options 界面如图 2-92 所示。

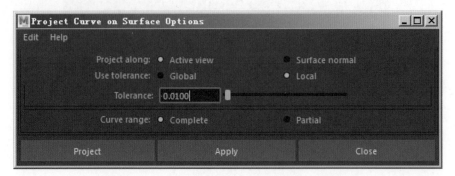

图 2-92　Project Curve on Surface Options 界面

在沿以下项投影（Project along）选区中可以选择投影方向。如果选中活动视图（Active view）单选按钮，那么就会以激活视图的视角将曲线投影到曲面上，而在正交视图中，这个操作可以得到与原曲线相同比例的投影曲线；如果选中曲面法线（Surface normal）单选按钮，那么就会以物体的表面法线方向进行投影，曲线会根据法线结构来计算当前曲线在曲面中的形态。

10. 取消修剪（Untrim）

执行取消修剪（Untrim）菜单命令，可以将曲面恢复到未修剪状态，并主要针对修剪曲面进行操作。

11. 延伸（Extend）

Extend Surface Options 界面如图 2-93 所示。

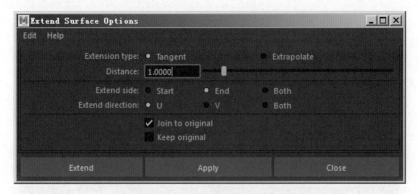

图 2-93　Extend Surface Options 界面

如果选中切线（Tangent）单选按钮，那么就会以切线方向进行延伸，延伸距离默认值为 1.0000；如果选中外推（Extrapolate）单选按钮，那么就会形成一个更加爆炸式的延伸方式，在细分网格上延伸程度更强烈。

延伸侧面（Extend side）栏用于选择在哪个位置开始延伸。

延伸方向（Extend direction）栏用于选择延伸的方向。

12. 插入等参线（Insert Isoparms）

对于曲面，进入等参线组件，执行插入等参线（Insert Isoparms）菜单命令后，可以插入若干条等参线。

13. 偏移（Offset）

Offset Surface Options 界面如图 2-94 所示。

图 2-94　Offset Surface Options 界面

如果选中曲面拟合（Surface fit）单选按钮，那么就会以整个曲面的形态来进行拟合，适用于开放的曲面；如果选中 CV 拟合（CV fit）单选按钮，那么就会完全依赖于每个点对应的距离来拟合，适用于封闭的曲面。

偏移距离默认值为 1.0000。

14. 圆化工具（Round Tool）

执行圆化工具（Round Tool）菜单命令要满足一定的条件，即两个曲面必须共线，且有重合的边界线，即两条等参线是重合的。

选择曲面，执行圆化工具（Round Tool）菜单命令，使光标在共边上滑动，会出现圆化操纵器，如图 2-95 所示。可以手动调节圆化的半径大小，按回车键确认，物体上会显示圆化效果。

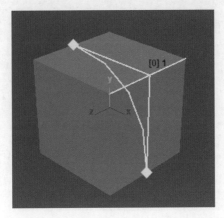

图 2-95　执行圆化工具（Round Tool）菜单命令的效果

对于多个相交且满足条件的曲面，可以同时执行圆化工具（Round Tool）菜单命令，形成一个符合计算的结果。使光标依次在可以形成圆化的共边上滑动，会出现多个圆化操纵器，如图 2-96 所示。可以单独控制每个圆化操纵器以修改圆化的半径。

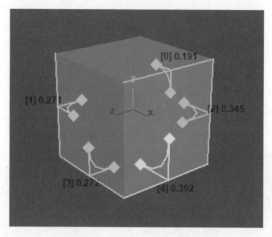

图 2-96　多个圆化操纵器

15. 缝合（Stitch）

缝合（Stitch）菜单命令有 3 个子命令，分别是缝合曲面点（Stitch Surface Points）、缝合边工具（Stitch Edge Tool）、全局缝合（Global Stitch）。

缝合操作主要是在物体中执行的一种蒙皮变形操作。曲面如果无须进行变形操作，那么对于 NURBS 物体不用进行缝合操作。

1）缝合曲面点（Stitch Surface Points）

选择两个要缝合的曲面上的控制顶点，如图 2-97 所示。执行缝合曲面点（Stitch Surface Points）菜单命令后，选中的两个控制顶点就被缝合在一起，如图 2-98 所示。两个控制顶点只是在参数上形成了衔接操作。如果要将两个曲面整个缝合，那么就要依次选择曲面边上的对应点，多次执行缝合曲面点（Stitch Surface Points）菜单命令即可。

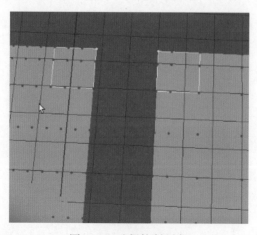

图 2-97　选择控制顶点

2）缝合边工具（Stitch Edge Tool）

可以一次性地将两个曲面边进行缝合。执行缝合边工具（Stitch Edge Tool）菜单命令后，单击第一条曲面边，会以红色显示，接着单击第二条曲面边，这时就自动执行整条边的对齐及连接操作，也可以通过缝合后的控制器来控制缝合的范围，如图 2-99 所示。这样就在整条边上对两个曲面执行了缝合操作。

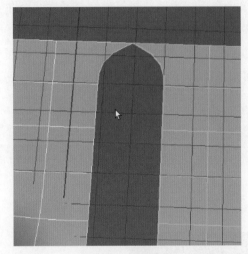

图 2-98　缝合效果

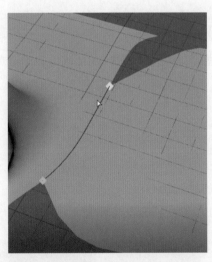

图 2-99　用控制器来控制缝合的范围

3）全局缝合（Global Stitch）

选择要缝合的全部曲面，执行全局缝合（Global Stitch）菜单命令。如果不能得到理想的缝合效果，则在 Global Stitch Options 界面中修改最大间隔（Max separation）参数，直到出现理想的效果为止，如图 2-100 所示。如果依然得不到理想的缝合效果，那么适当调节曲面的位置，移动曲面或曲面边上的点，使两个曲面更接近。

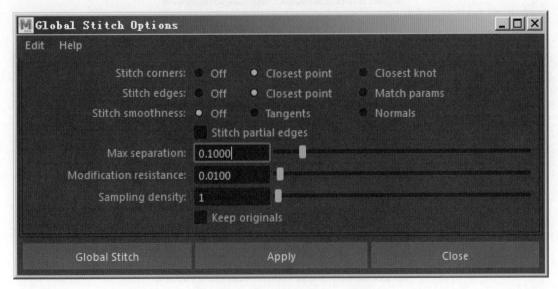

图 2-100　Global Stitch Options 界面

16. 曲面圆角（Surface Fillet）

曲面圆角（Surface Fillet）菜单命令有 3 个子命令，分别是圆形圆角（Circular Fillet）、自由形式圆角（Freeform Fillet）、圆角混合工具（Blend Tool）。

执行圆形圆角（Circular Fillet）菜单命令后，在曲面与曲面之间的夹角处，会出现一个圆弧（两个曲面是相交的）。

执行自由形式圆角（Freeform Fillet），菜单命令后，手动选择等参线，通过两个曲面的相交状态来计算圆角。

执行圆角混合工具（Blend Tool）菜单命令后，在第一个曲面上选择等参线，按回车键确认，随后在第二个曲面上选择等参线，按回车键确认，这时会在两个曲面之间形成一个圆弧。

17. 布尔运算（Booleans）

布尔运算（Booleans）菜单命令有 3 个子命令，分别是并集（Union）、差集（Difference）、交集（Intersection）。

在场景中创建一组有重合部分的两个球体，如图 2-101 所示。

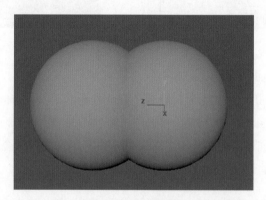

图 2-101　创建一组有重合部分的两个球体

选择并集（Union）菜单命令，单击第一个球体，按回车键确认，再次单击第二个球体，按回车键确认，这时完成了交集操作，其效果如图 2-102 所示。

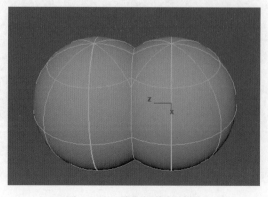

图 2-102　并集操作的效果

在场景中创建一组有重合部分的两个球体，如图 2-101 所示。

选择差集（Difference）菜单命令，单击第一个球体，按回车键确认，再次单击第二个球体，按回车键确认，这时完成了差集操作，其效果如图 2-103 所示。

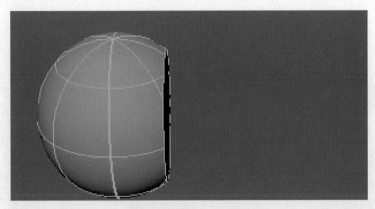

图 2-103　差集操作的效果

在场景中创建一组有重合部分的两个球体，如图 2-101 所示。

选择交集（Intersection）菜单命令，单击第一个球体，按回车键确认，再次单击第二个球体，按回车键确认，这时完成了交集操作，其效果如图 2-104 所示。

3 种操作的效果如图 2-105 所示，从下到上依次是并集操作的效果、差集操作的效果、交集操作的效果。

图 2-104　交集操作的效果

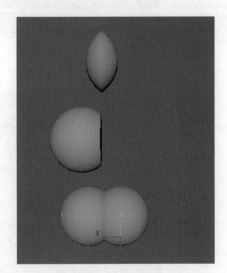

图 2-105　3 种操作的效果

18. 重建（Rebuild）

通过重建（Rebuild）菜单命令，可以对曲面进行标准化操作，并对曲面进行细分。重建的目的就是使曲面更加规范，以便更加细致地编辑曲面。

例如，在场景中创建一个平面，而删除了这个平面的创建历史，导致无法编辑该平面，这时可以利用重建（Rebuild）菜单命令来细分平面，在 Rebuild Surface Options 界面中进行设置，如图 2-106 所示。平面效果如图 2-107 所示。

19. 反转方向（Reverse Direction）

反转方向（Reverse Direction）菜单命令用于在反转方向上设置反转曲面的起始位置和末端位置。

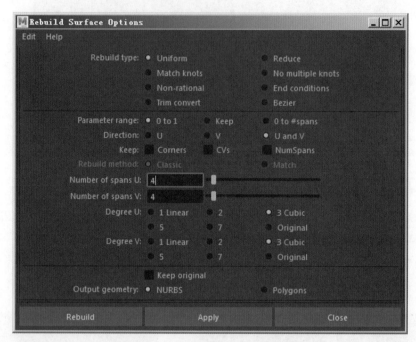

图 2-106　Rebuild Surface Options 界面

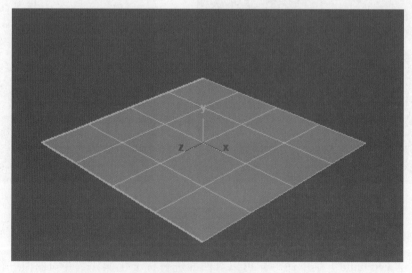

图 2-107　平面效果

第 *3* 章

多边形建模基础

关 键 知 识 点

- 多边形建模概述
- 多边形网格组件的选择
- 网格（Mesh）菜单
- 编辑网格（Edit Mesh）菜单
- 网格工具（Mesh Tools）菜单

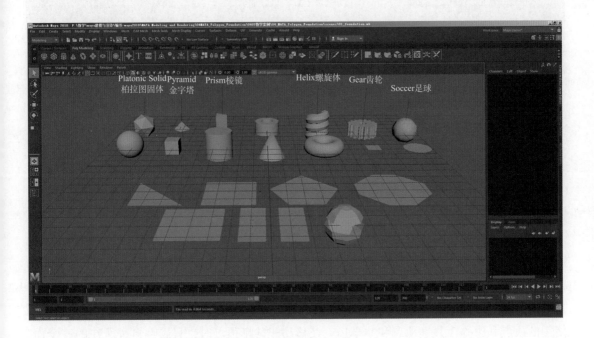

3.1 多边形建模概述

在 Maya 中，多边形建模是最重要的模型构造方式，几乎能够建造任何形态的模型，并且具有很强的纹理附着和编辑能力。多边形模型广泛用于电影、交互式视频、游戏及网络中的 3D 动画效果等内容的开发。

Maya 也在不断强化多边形建模流程，如多边形建模工具包、右键菜单、多边形雕刻变形工具及对于雕刻模型的重新拓扑构建工具等。对于多边形建模技术和工具开发，Maya 已经处在一流的水平。

下面来学习具体的多边形建模知识。

示例场景如图 3-1 所示。

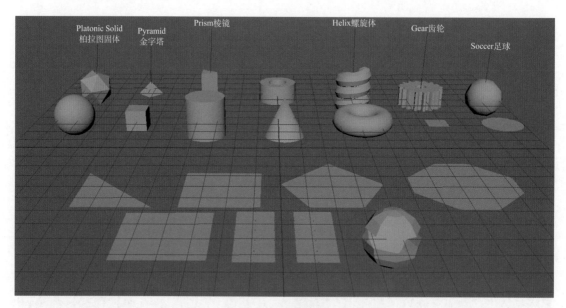

图 3-1　示例场景

通过示例场景中这些基础模型和形态，可以认识多边形及多边形网格。

多边形都属于直线边形状，如果要构建出一个完整的多边形形态，至少需要 3 个点。两点之间可以连成一条直线，这条直线就是多边形的边。那么 3 个点可以构建成一个面。顶点（Vertex）、边（Edge）和面（Pace）就是多边形的基本组件。通过右键菜单方式，可以快速进入组件，如图 3-2 所示。

由 3 个顶点构建出的多边形称为 3 边多边形或三边形。由 4 条边构建出的多边形称为 4 边多边形或四边形。Maya 也支持 4 条边以上的多边形。在 Maya 中，多边形建模最常用的是三边形和四边形，如图 3-3 所示。

多个多边形连接在一起就创造出一个网格面，又称多边形网格。在多边形网格中，共同使用的顶点和边称为共享顶点和共享边。在移动非共享顶点时，只影响自身所在的一个面，而在移动共享顶点或共享边时，会影响与之相连的两个面，如图 3-4 所示。

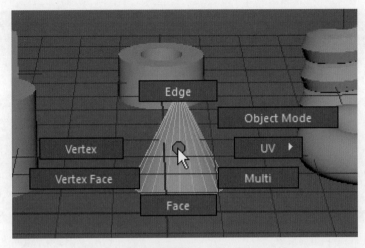

图 3-2　通过右键菜单方式快速进入组件

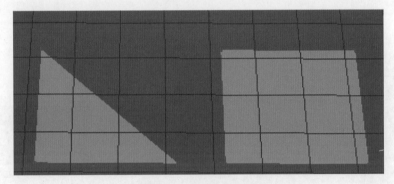

图 3-3　三边形和四边形

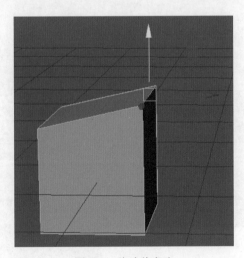

图 3-4　移动共享边

　　由多个不连贯的已连接的多边形可以组成多边形集或壳，如图 3-5 所示。

　　多边形网格的外部边缘或壳的边缘统称边界边。边界边主要针对于开放模型，即模型处于开放状态时会有边界边的存在，如图 3-6 所示。封闭物体无边界边。

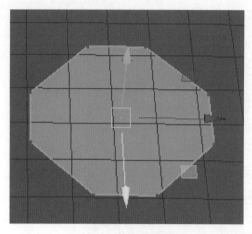

图 3-5　多边形集或壳

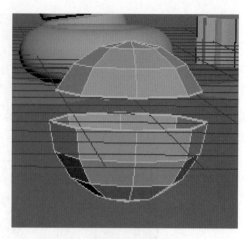

图 3-6　边界边

在 Maya 中，存在多种创建多边形物体的方式。

（1）第一种，通过菜单方式创建多边形物体，如图 3-7 所示。

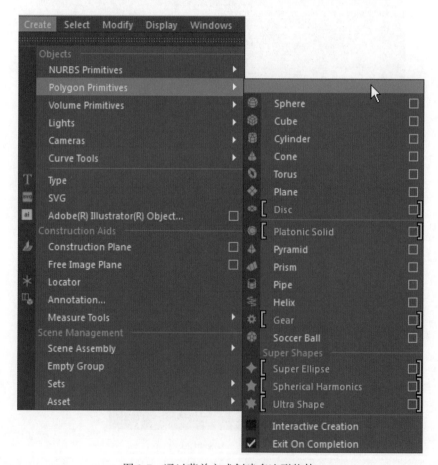

图 3-7　通过菜单方式创建多边形物体

在 Maya 中，一般是利用创建（Greate）菜单中的菜单命令来创建物体的，再通过变换或变形操作构建出新的模型，这种方式称为细分建模方法，即在基本几何体的基础上，不断通过增加分割线、点及挤出面等各种操作，构建出新的模型，这是在 Maya 中最常用的建模方式。

创建基本几何体之后，可以对其进行参数修改，从而达到新的模型状态。

（2）第二种，通过网格工具（Mesh Tool）菜单中的菜单命令创建多边形物体。

（3）第三种，通过转换方式，利用修改（Modify）菜单中的菜单命令将 NURBS 物体转换成多边形物体。

3.2　多边形网格组件的选择

选择多边形网络组件，有一些操作技巧。示例场景如图 3-8 所示。

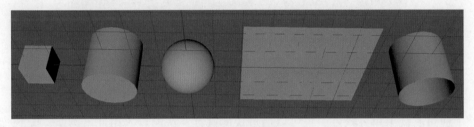

图 3-8　示例场景

在此示例场景中，绘制了几个基础模型。通过这些基础模型，我们一起来学习多边形网格组件的选择方法。

通过右键菜单方式，可以进入顶点（Vertex）组件，选择顶点，如图 3-9 所示。选择边和面的方法与选择顶点的方法类似。

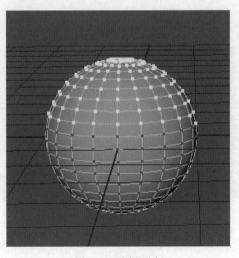

图 3-9　选择顶点

在如图 3-10 所示的建模工具包中，可以通过相应的拖选方式选择组件，也可以通过建模工具包上方相应的按钮快速进入相应的组件。

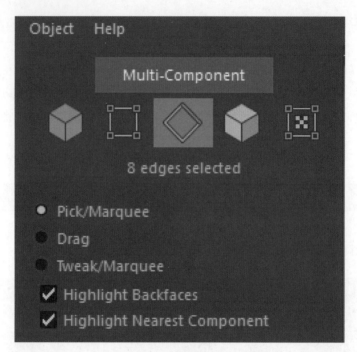

图 3-10　建模工具包

　　除了通过右键菜单方式外，也可以通过快捷键方式快速进入组件。例如，按 F9 键进入顶点（Vertex）组件；按 F10 键进入边（Edge）组件；按 F11 键进入面（Face）组件。

　　在右键菜单中，还可以选择多重（Multi）组件，如图 3-11 所示。进入多重（Multi）组件后，可以同时选择顶点、边和面。

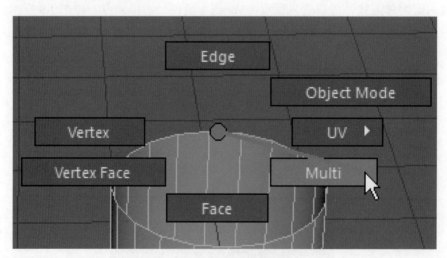

图 3-11　多重（Multi）组件

　　在右键菜单中，顶点面（Vertex Face）组件主要用来查看模型中面的状态，且通过分隔状态，就可以知道哪些面是四边形、哪些面是多边形、哪些面是三边形，如图 3-12 所示。顶点面（Vertex Face）组件不具有完善的编辑能力，主要用于观察模型。

　　进入面（Face）组件，选择一个面，在它的相邻面，按 Shift 键并双击，这时球体的一圈循环面（循环方向上的面）都被选择了，如图 3-13 所示。其他循环组件（如循环顶点、循环边）的选择方法与循环面的选择方法类似。

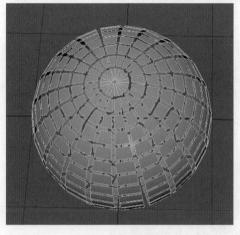

图 3-12 顶点面

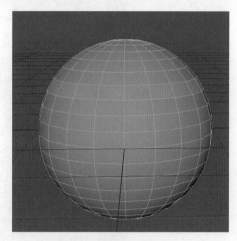

图 3-13 循环面的选择

如果要选择部分循环面，则选择第一个面，然后按 Shift 键并双击最后一个面即可，如图 3-14 所示。

对于边，直接双击当前的边，就可以选中整个循环边。如果要选择部分循环边，其方法和选择部分循环面的方法相同。

对于环形边，先选择一条环形边，按 Shift 键并双击与之相邻的环形边，即可选择一组环形边，如图 3-15 所示。选择部分环形边的方法与选择部分循环面的方法相同。

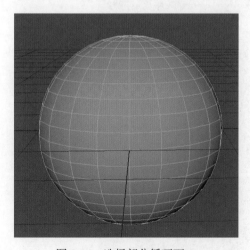

图 3-14 选择部分循环面

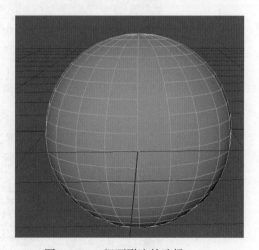

图 3-15 一组环形边的选择

在建模工具包中，通过选择约束下拉列表可以快速批量选中满足约束条件的组件，如图 3-16 所示。

如果在选择约束下拉列表中选择边界（Border）选项，如图 3-17 所示，那么可以快速地选择边界上的组件，如图 3-18 所示，即选择边界上的所有面。此方式适用于开放模型。

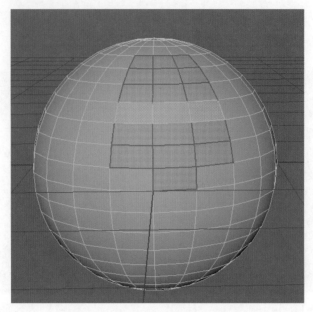

图 3-16　选中满足约束条件的组件

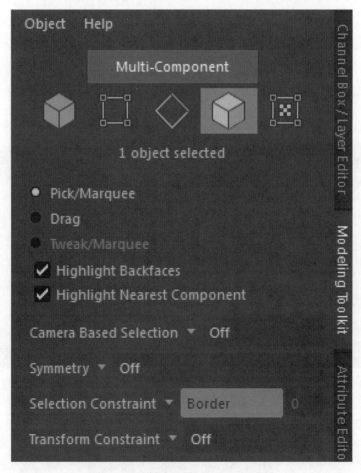

图 3-17　选择为边界（Border）选项

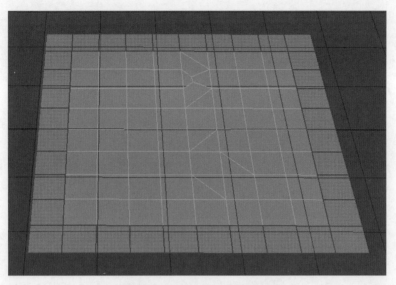

图 3-18 选择边界上的所有面

3.3 网格（Mesh）菜单

网格（Mesh）菜单中的菜单命令主要针对物体级别的多边形网格进行操作。

Maya针对网格的操作主要提供了五大类菜单命令：结合、重新划分网格、镜像、传递、优化。下面介绍其中的 3 个菜单命令。

3.3.1 结合类菜单命令

示例场景如图 3-19 所示。

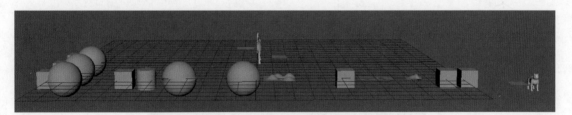

图 3-19 示例场景

1. 布尔运算

布尔运算菜单命令包括 3 个子命令，即并集、差集、交集。

1）并集

选择两个或多个物体，进行并集操作后，两个或多个物体合成一个物体，相交部分被剪切，如图 3-20 所示。

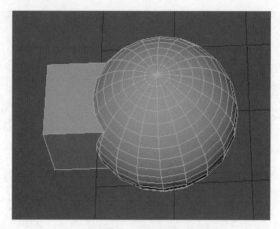

图 3-20　并集操作的效果

2）差集

选择两个或多个物体，进行差集操作后，第一个物体减去后续物体。如图 3-21 所示，左侧物体是选择图 3-20 所示的物体和球体进行差集操作的效果；右侧物体是选择图 3-20 所示的物体和立方体进行差集操作的效果。

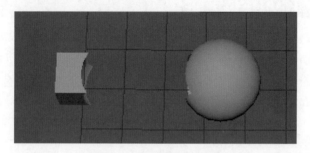

图 3-21　差集操作的效果

3）交集

选择两个或多个物体，进行交集操作后，这两个或多个物体相交部分被保留，如图 3-22 所示。

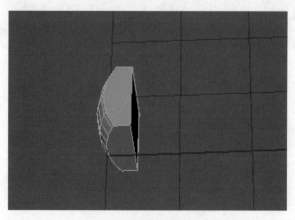

图 3-22　交集操作的效果

2. 结合

可以选择两个不相连的物体，进行结合操作后，形成一个物体，如图 3-23 所示。

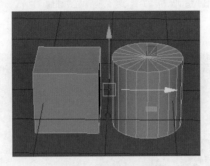

图 3-23　结合操作的效果

3. 分离

对于两个具有独立壳的物体，或者说是经过结合的物体，可以执行分离菜单命令，如图 3-24 所示。

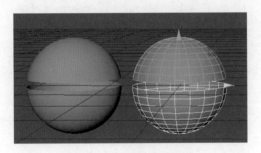

图 3-24　分离操作的效果

3.3.2　重新划分网格类菜单命令

1. 一致

通过一致菜单命令，可以使一个对象的顶点包裹到一个激活对象上，从而使一个物体匹配一个激活物体的形态，如图 3-25 所示。

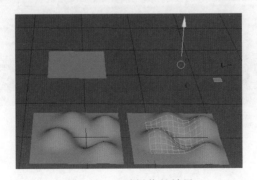

图 3-25　一致操作的效果

2. 填充洞

如果物体上有独立边界的空缺部分，进行填充洞操作后，则会把具有独立边界的空缺部分填充，如图 3-26 所示。

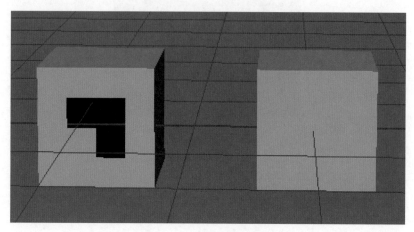

图 3-26　填充洞操作的效果

3. 减少

通过减少菜单命令，可以精简模型，减少模型的面数。

4. 平滑

通过平滑菜单命令，可以适当增加模型的表面光滑度。

5. 三角化

进行三角化操作后，所有平面以三角面呈现，如图 3-27 所示。

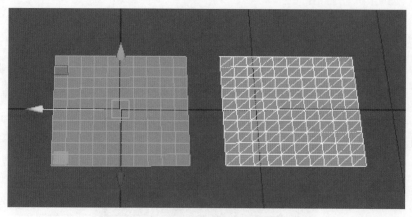

图 3-27　三角化操作的效果

6. 四边形化

由于模型的过渡区域要保持原始形态，执行四边形化菜单命令后，部分平面以四边形面呈现。

3.3.3 镜像菜单命令

对于对称物体，先构建一侧模型，通过镜像菜单命令，可以复制出另一侧的模型。Mirror Options 界面如图 3-28 所示。

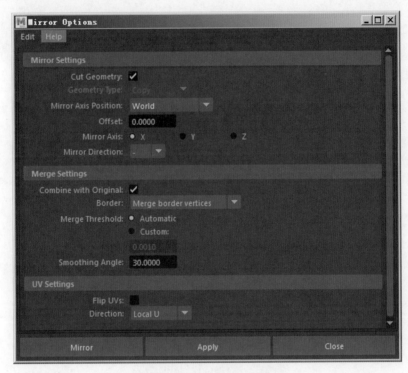

图 3-28　Mirror Options 界面

执行镜像菜单命令时，要根据实际场景选择正确的镜像轴。选择 X 轴镜像的效果如图 3-29 所示。选择 Y 轴镜像的效果如图 3-30 所示。选择 Z 轴镜像的效果如图 3-31 所示。

 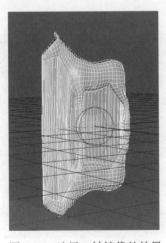 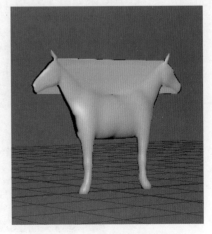

图 3-29　选择 X 轴镜像的效果　　图 3-30　选择 Y 轴镜像的效果　　图 3-31　选择 Z 轴镜像的效果

3.4　编辑网格（Edit Mesh）菜单

　　编辑网格（Edit Mesh）菜单中的菜单命令主要针对多边形网格的组件进行操作。下面来逐一学习这些菜单命令。

1. 添加分段

　　通过添加分段菜单命令，可以在平面中选择顶点、边、面来进行细分设置。

　　打开添加分段选项界面，该界面里的选项是依赖于当前选择的组件而设置的。例如，在平面中选择顶点，然后进行添加分段操作后，其效果如图 3-32 所示。

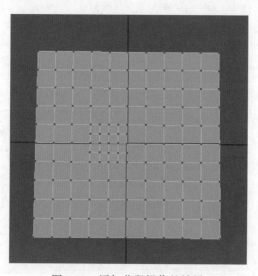

图 3-32　添加分段操作的效果

2. 倒角

　　通过倒角菜单命令，可以对顶点、边、面等组件执行倒角操作。选择不同的组件，进行倒角操作，其效果如图 3-33 所示。

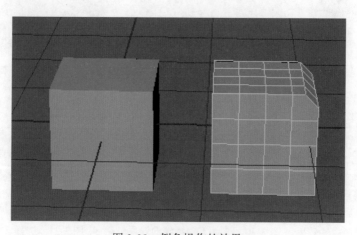

图 3-33　倒角操作的效果

3. 桥接

通过桥接菜单命令，可以在两个合并的模型之间创建桥接面。桥接菜单命令一定是针对一个物体的独立部分进行桥接操作的。

例如，在场景中创建两个立方体，首先执行网格（Mesh）菜单中的结合菜单命令，使之成为一个物体，然后分别选择两个面，执行桥接菜单命令后，形成一个桥接面，如图3-34所示。可以对开放区域的边、顶点进行桥接操作，没有开放的边界边无法进行桥接操作。

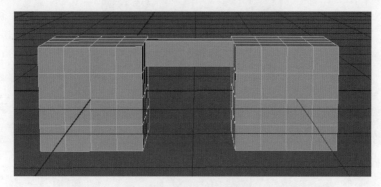

图 3-34　形成一个桥接面

创建两个平面，执行结合菜单命令之后，分别在两个平面上各选择一条边，进行桥接操作，其效果如图 3-35 所示。

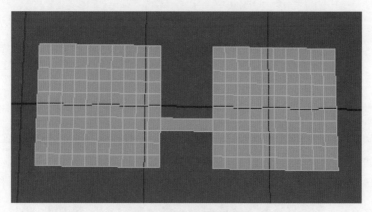

图 3-35　桥接操作的效果

4. 圆形圆角

圆形圆角菜单命令是针对当前选择的组件，通过顶点、边、面重新组成一个几何体的操作。

例如，选择平面中间的部分顶点，进行圆形圆角操作后，其效果如图 3-36 所示。

5. 收拢

通过收拢菜单命令，可以在边和面的塌陷结构中合并相关的共享顶点。例如，选择平面上的一个面或一条边，执行收拢菜单命令。

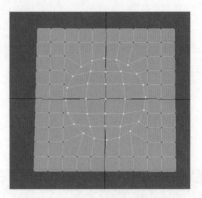

图 3-36　圆形圆角操作的效果

6. 连接

通过连接菜单命令，可以在点与点或边与边之间进行连接操作。例如，选择两个点或两个边，进行连接操作后，其效果如图 3-37 所示。

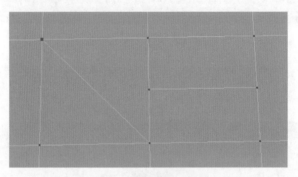

图 3-37　连接操作的效果

7. 分离

通过分离菜单命令，可以针对顶点、面来进行分离操作，进行分离操作的对象会成为独立的物体，如图 3-38 所示。

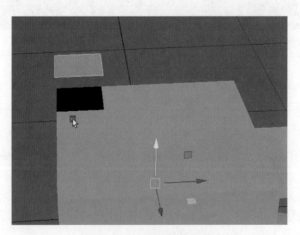

图 3-38　分离操作的效果

8. 挤出

在执行挤出菜单命令时，会出现一个操纵器。通过这个操纵器，可以手动调节挤出操作的效果，如图 3-39 所示。同时，可以通过挤出选项界面中的参数调节挤出操作的效果。

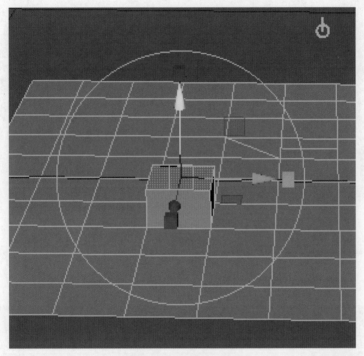

图 3-39　挤出操作的效果

9. 合并

合并菜单命令主要是针对顶点进行操作的，可以将两个点、多个点合并成为一个点。该菜单命令同样适用于边和面。

10. 合并到中心

合并到中心菜单命令是针对顶点、边和面进行操作的，将选择的多个对象合并到它们的中心。

11. 变换

在执行变换菜单命令时，会出现一个操纵器。通过这个操纵器，可以以当前对象的法线方向进行垂直操作，这样有利于沿着对象的法线方向来修改组件结构。

12. 平均化顶点

通过平均化顶点菜单命令，可以移动顶点的位置来平滑多边形网格中的顶点。如图 3-40 所示，部分顶点是错落分布的，进行平均化顶点操作后，顶点被平滑处理了，如图 3-41 所示。必要时可以多次执行该菜单命令。通常在编辑复杂模型时，特别是一些生物模型，可以利用该菜单命令来平滑模型中的点。

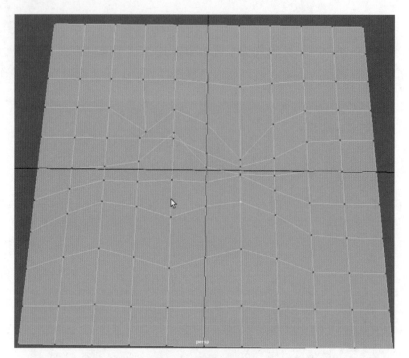

图 3-40　错落的顶点

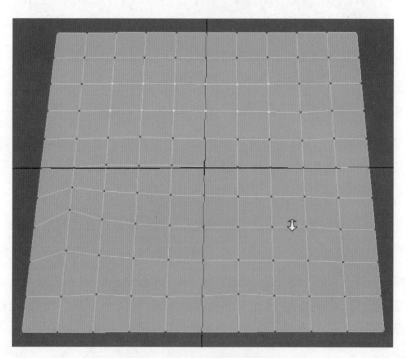

图 3-41　平均化顶点操作的效果

13. 切角顶点

通过切角顶点菜单命令，可以将选择的一个顶点替换为一个平坦的多边形。如图 3-42 所示，将一个顶点"炸开"成 4 个顶点，4 个顶点形成一个多边形。

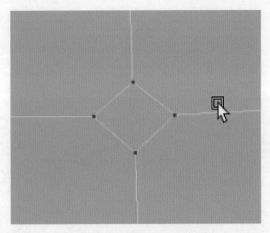

图 3-42 切角顶点操作的效果

14. 删除边 / 顶点

如果选择顶点，执行删除边 / 顶点菜单命令，则顶点和与之相连的边都会被删除。如果选择顶点，按 Delete 键，则顶点被删除而边不会被删除。如果按 Delete 键来删除边，则与之相连的点不会被删除。要注意执行该菜单命令和按 Delete 键的区别。

15. 复制

在执行复制菜单命令时，会出现一个操纵器。通过这个操纵器，可以在选择面的基础上复制出一个独立多边形物体。

16. 提取

在执行提取菜单命令时，会出现一个操纵器。通过这个操纵器，可以将一个多边形物体分离出来，如图 3-43 所示。

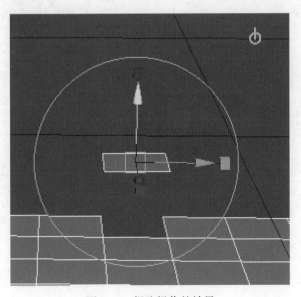

图 3-43 提取操作的效果

17. 刺破

通过刺破菜单命令，可以分割选定面，以推动或拉动原始多边形的中心。选择一个面，进行刺破操作后，其效果如图 3-44 所示。

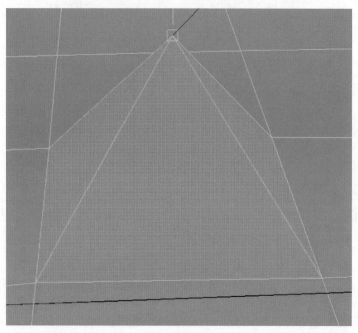

图 3-44　刺破操作的效果

18. 楔形

通过楔形菜单命令，可以进行弧形挤压，并形成半弧形挤压形态，如图 3-45 所示。

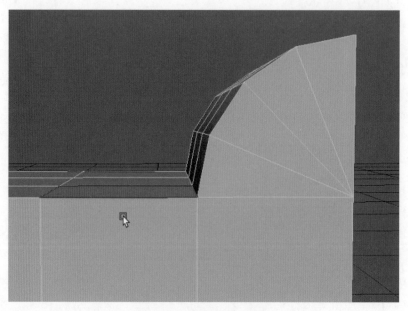

图 3-45　楔形操作的效果

3.5　网格工具（Mesh Tools）菜单

网格工具菜单主要提供了一系列的交互操作，有针对于多边形组件的操作，也有针对于多边形物体的操作，而这些操作主要是工具性的操作。下面来学习网格工具（Mesh Tools）菜单中的菜单命令。

1. 隐藏建模工具包

隐藏建模工具包菜单命令用于控制建模工具包的显示和隐藏。

2. 附加到多边形

进入物体的组件，单击放置的顶点，执行附加到多边形菜单命令，以进行拓展操作。

3. 连接

执行连接菜单命令，可以在顶点与顶点之间进行连接操作，即在选择的两个顶点之间创建出边。连接菜单命令主要可以对边进行分割操作。在默认情况下，选择边，进行连接操作后，则会以默认参数在选择的边上进行对称分割，如图 3-46 所示。按住 Shift 键的同时连续选择边，执行连接菜单命令，则会在多个边上进行对称分割。

图 3-46　连接操作的效果

4. 折痕

通过折痕菜单命令，可以针对边创建折痕效果。执行折痕菜单命令，选择要设置折痕的组件，然后通过鼠标来编辑折痕值，其效果如图 3-47 所示，折痕基本不会被平滑。该菜单命令主要用于创建褶皱、人物的指甲及细小的褶缝效果。

5. 创建多边形

通过创建多边形菜单命令，可以在场景中创建任意边数的多边形。

6. 插入循环边

通过插入循环边菜单命令，可以手动插入循环边。该菜单命令是插入边最常用的工具，比连接菜单命令拥有更高的自由度。插入循环边操作的效果如图 3-48 所示。

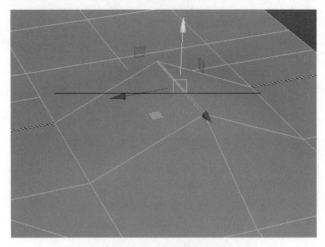

图 3-47　折痕操作的效果

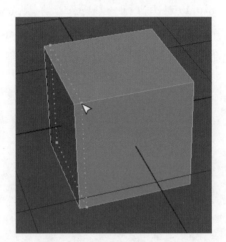

图 3-48　插入循环边操作的效果

7. 多切割

多切割菜单命令是一个非常自由的剪切工具。通过该菜单命令，可以在模型中任意插入点和连线。

8. 偏移循环边

通过偏移循环边菜单命令，可以在选择处插入循环边。

9. 四边形绘制

选择四边形绘制菜单命令，在场景中创建若干顶点，按住 Shift 键的同时单击多个顶点的中间区域，进入成面操作，连续单击，可以形成若干面，如图 3-49 所示，按 Ctrl 键可以循环插入边。四边形绘制菜单命令主要应用于复杂

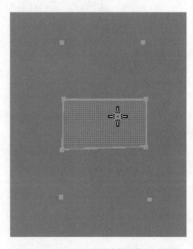

图 3-49　四边形绘制操作的效果

模型的重新拓扑。

10. 滑动边

选择边，执行滑动边菜单命令，再通过鼠标可以确定滑动边的位置。

11. 目标焊接

通过目标焊接菜单命令，可以在顶点或边之间创建共享顶点或共享边。例如，执行目标焊接菜单命令，选择一个顶点，通过鼠标将这个顶点拖动到另一个顶点，其效果如图 3-50 所示。

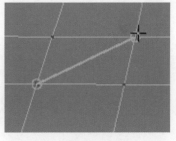

图 3-50　目标焊接操作的效果

12. 雕刻

雕刻菜单命令是一个笔刷状的雕刻工具，工具架中也有相应的雕刻工具。雕刻操作的效果如图 3-51 所示。按住 B 键，可以调节雕刻的范围；按住 N 键，可以调节雕刻的影响范围；按住 M 键，可以调节雕刻的力度。按 Shift 键，雕刻操作采用的是平滑模式。按 Ctrl 键，雕刻操作采用的是反向挤压模式。雕刻菜单命令可以应用于生物建模。

图 3-51　雕刻操作的效果

第 4 章

NURBS 建模实例——茶壶

关键知识点

- 流程分析与壶体的制作
- 壶盖与把手的制作
- 壶嘴的制作
- 部件衔接处理

4.1　流程分析与壶体的制作

　　本章的任务是根据参考图制作茶壶模型。首先分析参考图上模型的比例，然后在场景中导入参考图，最后使用 NURBS 曲线工具和编辑菜单命令制作茶壶模型，制作完成的效果如图 4-1 所示。

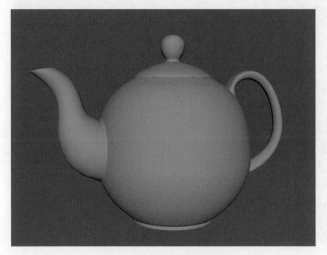

图 4-1　制作完成的效果

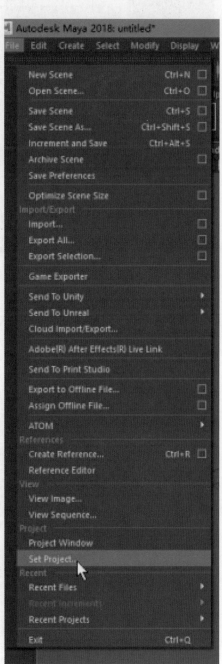

图 4-2　文件（File）菜单

　　步骤 1：打开文件（File）菜单，单击设置项目（Set Project）菜单命令，如图 4-2 所示。在打开的 Set Project 界面，单击 03MAYA_Nurbs_Case 文件夹，如图 4-3 所示，最后单击 Set 按钮。

　　步骤 2：创建参考平面，打开创建（Create）菜单，单击自由图像平面（Free Image Plane）菜单命令，如图 4-4 所示。在场景中出现自由图像平面，如图 4-5 所示。在属性面板中，单击图像名称（Image Name）栏中的文件夹，如图 4-6 所示。在打开的 Open 界面中，选择 Teapot.jpg 图片文件，如图 4-7 所示，然后单击 Open 按钮，载入茶壶参考图。

　　步骤 3：切换到前视图来显示茶壶参考图，其大小如图 4-8 所示。整体放大、移动茶壶参考图，使得茶壶参考图中的壶体居中显示在网格中并相互对称，如图 4-9 所示。最后切换到透视图，将茶壶参考图向后移动，留出网格空间以便制作物体，如图 4-10 所示。

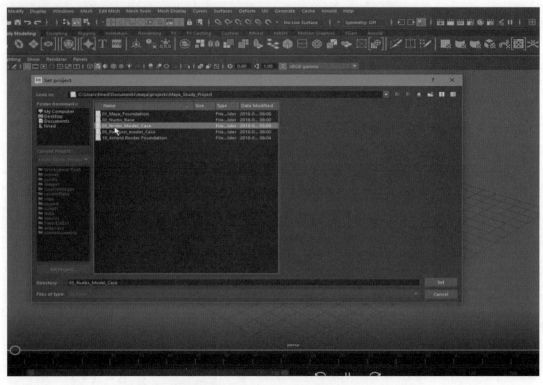

图 4-3　Set Project 界面

图 4-4　创建（Create）菜单

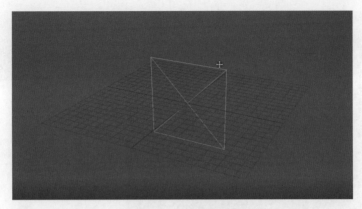

图 4-5　自由图像平面

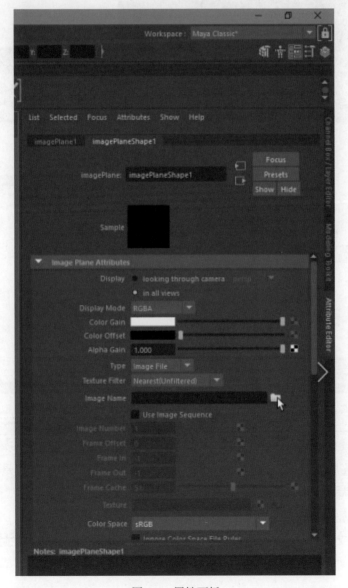

图 4-6　属性面板

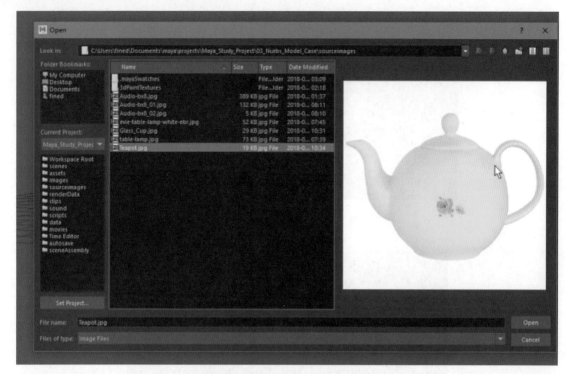

图 4-7　选择 Teapot.jpg 图片文件

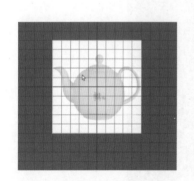

图 4-8　茶壶参考图大小

图 4-9　调整茶壶参考图

　　步骤 4：对茶壶参考图进行冻结、锁定操作。打开修改（Modify）菜单，单击 Freeze Transformations 菜单命令，如图 4-11 所示。在右侧属性面板中，框选需要锁定的属性，如图 4-12 所示。然后右击，从弹出的菜单中单击 Lock Selected 菜单命令，如图 4-13 所示。将茶壶参考图进行冻结、锁定后，可以避免操作过程中的误操作。

　　建模前，首先对茶壶结构进行分析。茶壶分为 4 个部分，分别为壶体、壶盖、把手、壶嘴。运用所学知识将 4 个部分一一进行建模，然后将其有效的连接，形成一个完整的茶壶模型。

步骤 5：壶体的建模。在前视图中，打开创建（Create）菜单，单击曲线工具（Curve Tools）菜单命令，并将曲线工具（Curve Tools）菜单命令拖出，如图 4-14 和图 4-15 所示。

如果希望在工具架上有经常使用的 CV 曲线工具，则可以按住 Shift+Ctrl 组合键，单击 CV Curve Tool 菜单命令，CV 曲线工具就会出现在工具架中，如图 4-16 所示。

步骤 6：分析壶体的结构。使用曲面（Surfaces）菜单中的旋转（Revolve）菜单命令，并结合壶体的剖面进行 CV 曲线勾画。单击 CV Curve Tools 菜单命令，放大前视图，

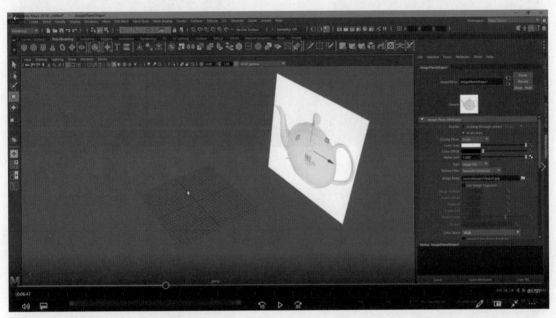

图 4-10　向后移动茶壶参考图

图 4-11　单击 Freeze Transformation 菜单命令

图 4-12　框选需要锁定的属性

图 4-13　单击 Lock Selected 菜单命令

在图形的轴心按住 X 键，绘制第一个曲线点，如图 4-17 所示，然后根据壶体的剖面进行曲线的绘制。在绘制曲线的过程中，曲线点的分布要均匀。如果壶体有些形态不能通过网格来捕捉，就根据壶体本身的形态绘制曲线，如图 4-18 所示。因壶体本身具有一定的厚度，因此要绘制内、外层曲线，如图 4-19 所示，并让内、外层曲线点距离保持一致。在绘制最后一个曲线点时，要按住 X 键。在绘制完曲线后，按回车键结束绘制。在绘制完成壶体的剖面曲线后，打开曲面（Surfaces）菜单，单击旋转（Revolve）菜单命令。在打开的 Revolve Options 界面，默认旋转轴向，单击 Apply 按钮，如图 4-20 所示。根据曲面形态，打开灯光双面显示，壶体基本模型便出现在场景中，如图 4-21 所示。

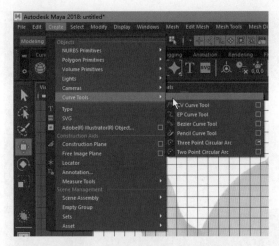
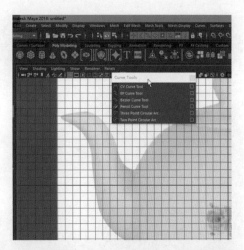

图 4-14　打开创建（Create）菜单　　　图 4-15　将曲线工具（Curve Tools）菜单命令拖出

图 4-16　将 CV 曲线工具放入工具架

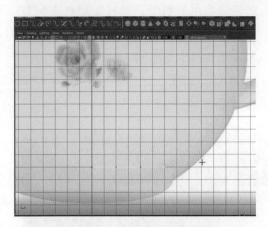
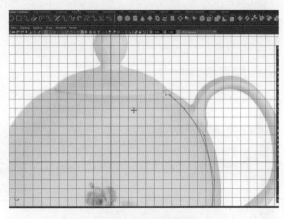

图 4-17　绘制第一个曲线点　　　　　　图 4-18　绘制曲线

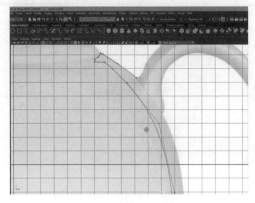

图 4-19　绘制内、外层曲线　　　　　　图 4-20　Revolve Options 界面

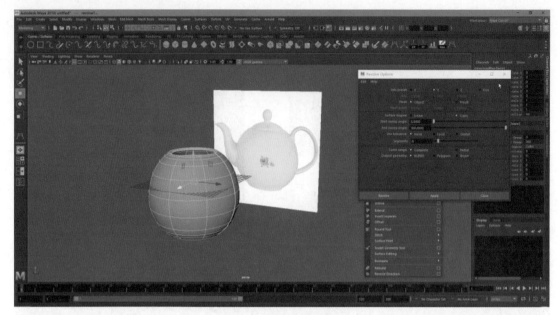

图 4-21　壶体基本模型

　　步骤7：切换到前视图，对于壶体不均匀的部分，通过控制顶点组件来调节曲线形态，以使壶体在厚度表现方面一致，如图 4-22 所示。对于壶底的转折处，通过添加点来调节。在右键菜单中选择曲线点（Curve Point）组件，如图 4-23 所示，然后在曲线转折处单击。在曲线菜单（Curves）中单击插入结（Insert Knot）菜单命令，如图 4-24 所示。在打开的 Insert Knot Options 界面，选择默认方式，单击 Apply 按钮，如图 4-25 所示，便可添加曲线的控制顶点，然后通过控制顶点来调节壶底曲线的圆滑度。

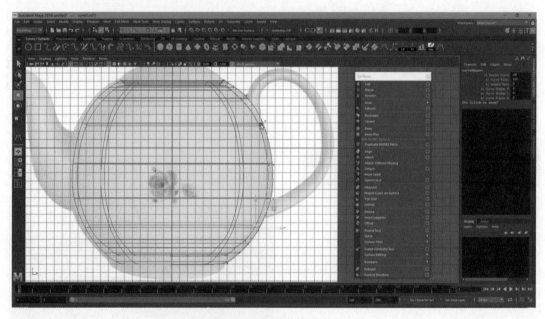

图 4-22　调节曲线形态

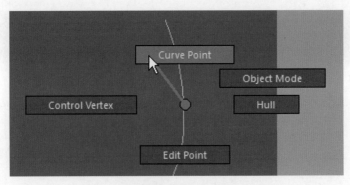

图 4-23　选择曲线点（Curve Point）组件

图 4-24　单击插入结（Insert Knot）菜单命令

图 4-25　Insert Knot Options 界面

　　步骤 8：壶口部分形态的合理调节。考虑与壶盖的衔接，加入适当的控制顶点，结合想象，调节壶口与壶盖的控制顶点，使壶口处的形态合理，如图 4-26 所示。调节后的壶身形态如图 4-27 所示。

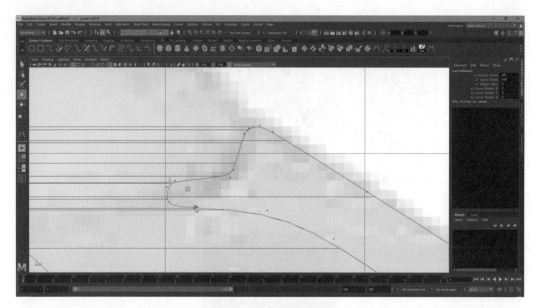

图 4-26　壶口处的形态

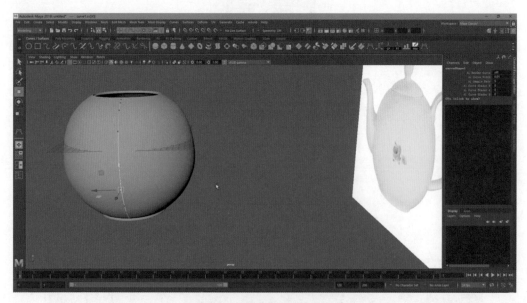

图 4-27　调节后的壶身形态

4.2　壶盖与把手的制作

在对壶盖与把手进行建模前，先对场景壶体进行保存，防止模型的丢失。

1. 壶盖的制作

步骤 1：打开文件（File）菜单，单击保存场景（Save Scene）菜单命令，如图 4-28 所示。进入 Save As 界面，选择 Scene 文件夹，将文件 teapot_model001 重新命名为 teapot_ model_jiaoxue_001，单击 Save As 按钮，如图 4-29 所示。最后，将壶体切换到物体模式。

步骤 2：绘制壶盖部分的曲线。选择 CV 曲线工具，按住 X 键绘制第一个曲线点，然后围绕着壶盖的结构，绘制曲线。在绘制壶盖与壶口的衔接处时，结合自己的想象力，绘制合理的曲线。壶盖的厚度可以结合壶体进行想象。壶盖曲线如图 4-30 所示。在绘制最后一个曲线点时，按住 X 键捕捉网格点，再按回车键完成绘制。选中绘制的曲线，进入控制顶点（Control Vertex）组件，通过控制顶点调节壶盖曲线形态。当壶盖曲线形态调节完成后，在右键菜单中选择 Object Mode 菜单命令，以切换到物体模式。然后，打开 Surfaces 菜单，单击旋转（Revolve）菜单命令，进行旋转成形操作。壶盖模型如图 4-31 所示。选择壶盖曲线，再通过实体观察方式改变壶盖曲线形态，从而形成圆润饱满的感觉。壶盖最终形态如图 4-32 所示。

步骤 3：对模型进行递增并保存。打开文件（File）菜单，单击递增并保存（Increment and Save）菜单命令。如果当前递增并保存的文件名称不符合标准，则会将其保存为重复的序列号名称。打开文件（File）菜单，单击保存场景为（Save Scene As）菜单命令。在出现的 Save Scene As 界面中，将文件 teapot_model_jiaoxue_001.mb 重新命名为 teapot_model_jiaoxue_002，然后单击 Save As 按钮。

图 4-28　单击保存场景（Save Scene）菜单命令

图 4-29　Save As 界面

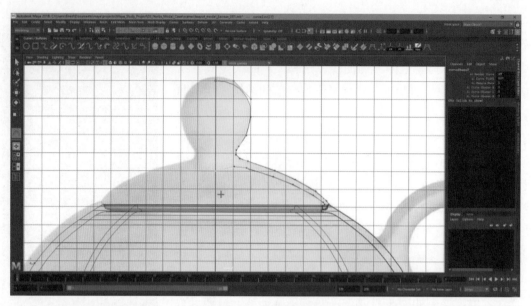

图 4-30　壶盖曲线

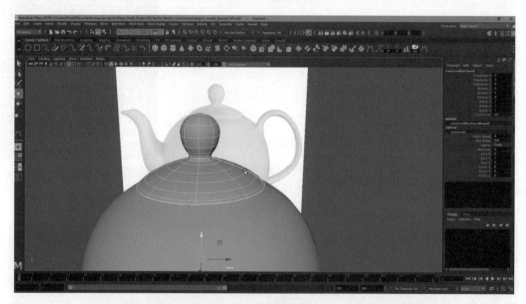

图 4-31　壶盖模型

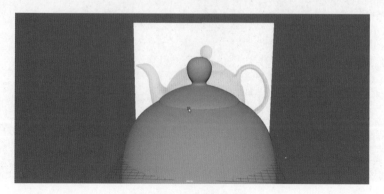

图 4-32　壶盖最终形态

2. 把手的制作

把手可以通过两种曲面建模方式得到，即放样与挤出方式。若使用放样方式，则要绘制出把手的剖面；若使用挤出方式，则要绘制把手的剖面和路径等。

下面使用放样方式绘制把手。因为把手是管状结构，可以通过标准的 NURBS 圆形作为基本模型。在参考图中，把手具有形态渐变的效果。因此，根据把手形成的形态，想象把手立体的剖面形态。

步骤 1：在场景中，创建一个 NURBS 圆形，在右键菜单中选择控制顶点（Control Vertex）菜单命令。切换到顶视图，调节控制顶点，如图 4-33 所示。当控制顶点调节完成后，切换到对象模式。

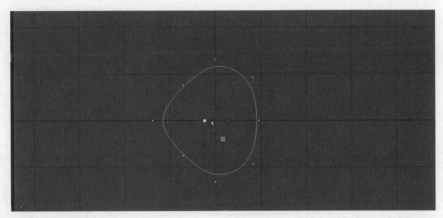

图 4-33　调节控制顶点

步骤 2：切换到前视图，根据参考图，将当前截面复制并放置在合适的位置，并进行适当的旋转，旋转方向与把手的路径形成直角。然后，把茶壶底部的 NURBS 圆形进行旋转、放大、移动等操作，再进行复制，将其放置在壶体内部，旋转时要保持与其他截面形态位置的一致性，如图 4-34 所示。

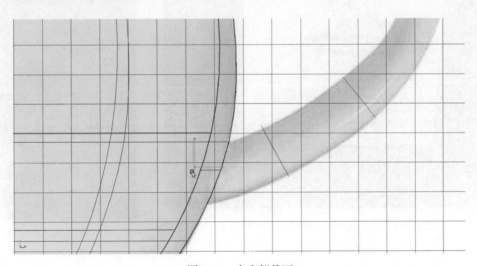

图 4-34　壶底部截面

步骤 3：切换到透视图，对当前截面形态进行适当的调整，再进行复制。然后，依次完成剩余把手截面的复制，并通过移动、旋转、缩放使其接近把手的基本形态，最终完成整个把手的截面图形，如图 4-35 所示。

步骤 4：从下往上依次选择 NURBS 圆形，如图 4-36 所示。打开 Surfaces 菜单，单击放样（Loft）菜单命令，如图 4-37 所示。之后，壶的把手模型基本形成，再切换到其他视图，通过控制顶点对把手模型进行适当调节。完成的把手形态如图 4-38 所示。

步骤 5：保存。打开文件（File）菜单，单击保存为（Save Scene As）菜单命令，在弹出的界面中，将文件 teapot_model_jiaoxue_002 重命名为 teapot_model_jiaoxue_003，再单击 Save As 按钮即可。

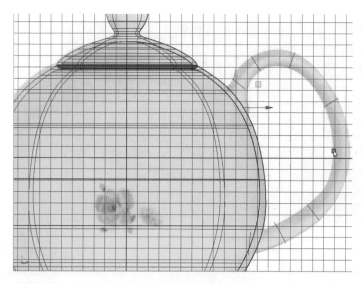

图 4-35　整个把手的截面图形

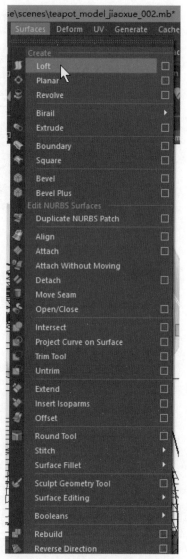

图 4-37　单击放样（Loft）菜单命令

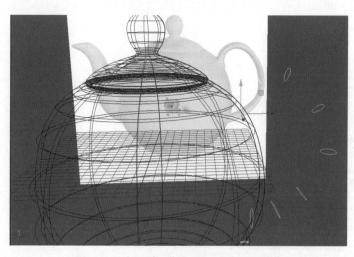

图 4-36　从下到上依次选择 NURBS 圆形

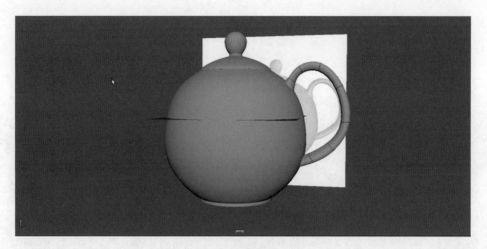

图 4-38　完成的把手形态

4.3　壶嘴的制作

根据壶嘴的结构形态，通过放样方式或挤出方式都可以制作出壶嘴。

步骤 1：利用 CV 曲线工具，根据壶嘴的形态绘制壶嘴路径曲线，如图 4-39 所示。当壶嘴路径曲线绘制完成后，按回车键结束即可。然后，在右键菜单中选择控制顶点（Control Vertex）菜单命令，调节曲线点，使得控制顶点分布均匀，再切换到对象模式。

步骤 2：绘制剖面曲线。绘制一个 NURBS 圆形，将其放在路径曲线的起始端，缩放其大小以使其与壶身衔接处匹配，旋转其方向以使其与壶嘴的方向匹配，并使其与路径曲线相切，如图 4-40 所示。

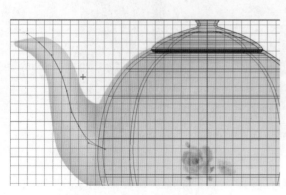

图 4-39　绘制的壶嘴路径曲线

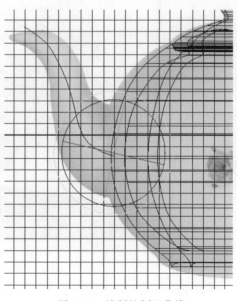

图 4-40　绘制的剖面曲线

步骤 3：先选择剖面曲线，再选择路径曲线，然后打开 Extrude Options 界面，按图 4-41 所示进行设置。

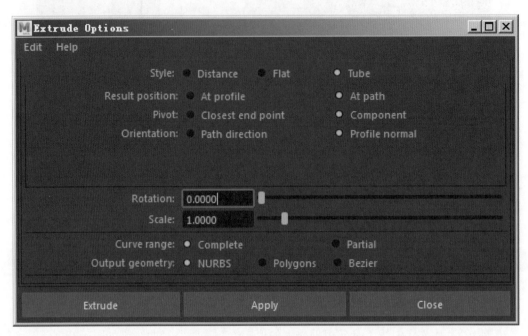

图 4-41　Extrude Options 界面

单击 Apply 按钮后，挤出操作的效果如图 4-42 所示。

图 4-42　挤出操作的效果

步骤 4：在 Extrude History 下拉列表中，利用比例（Scale）参数来缩放壶嘴形态，如图 4-43 所示。

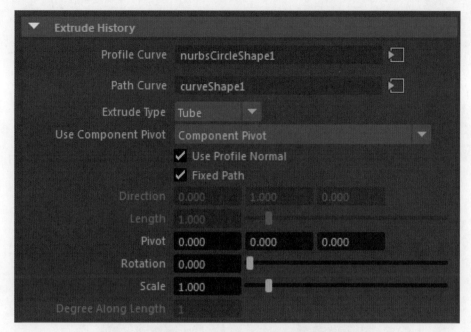

图 4-43 Extrude History 下拉列表

得到的壶嘴形态如图 4-44 所示。

图 4-44 得到的壶嘴形态

步骤 5：进一步调节曲面形态。进入控制顶点（Control Vertex）组件，细致地调节控制顶点来完善曲面形态，如图 4-45 所示。

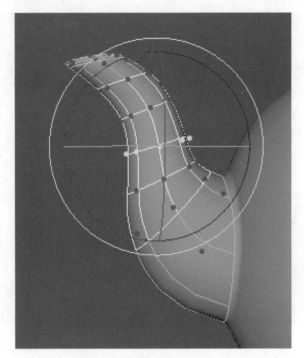

图 4-45　完善的曲面形态

　　根据壶嘴的切面形态调节壶嘴截面的效果，可以在壶嘴处增加等参线来增强对形态的可控性，如图 4-46 所示。

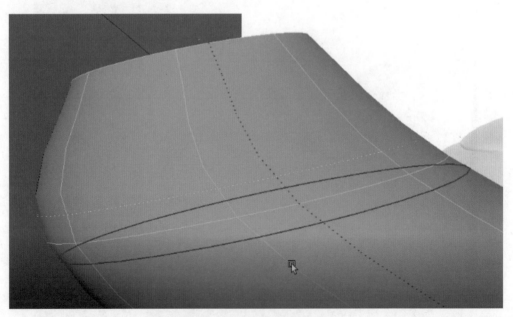

图 4-46　在壶嘴处增加等参线

　　增加多条等参线后的壶嘴效果如图 4-47 所示。

　　根据实际茶壶的形态调节壶嘴口形态，如图 4-48 所示。

　　当壶嘴口形态调节好之后，茶壶形态如图 4-49 所示。

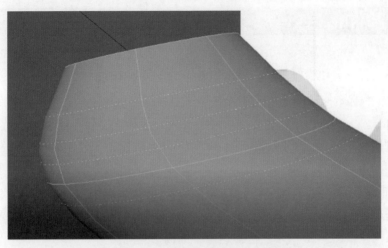

图 4-47　增加多条等参线后的壶嘴效果

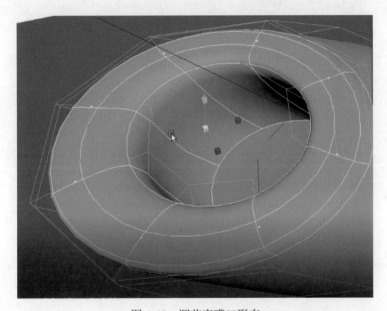

图 4-48　调节壶嘴口形态

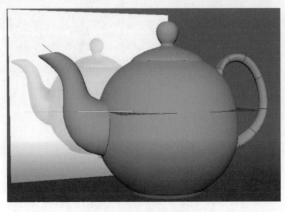

图 4-49　茶壶形态

4.4 部件衔接处理

在茶壶模型各部分建模好之后，就要做各部分的衔接处理操作以增加衔接处的美观度。

步骤 1：首先观察壶体的特征。壶体在创建时有厚度，所以在壶体与其他部分衔接时要考虑厚度的衔接。

为了增加操作的可行性，对壶体执行曲面的分离操作。在分离操作时，对壶体进行历史删除，也就是旋转成形。可以利用工具架上的工具也可以选择编辑→按类型删除→历史菜单命令来删除历史。

选择合适的等参线，选择曲面→分离菜单命令，两个壶体实质上分为了两个曲面，分为内外两层结构，如图 4-50 所示。选择这两个曲面，删除历史。

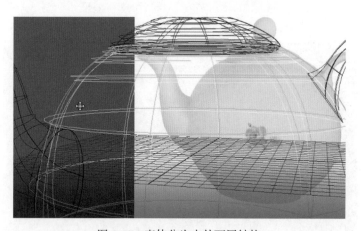

图 4-50　壶体分为内外两层结构

步骤 2：通过选择曲面→曲面圆角菜单命令生成衔接曲面，再勾选在曲面上创建曲线复选框，选择壶嘴和壶体两个曲面。执行曲面圆角菜单命令后，壶嘴和壶体的衔接如图 4-51所示。

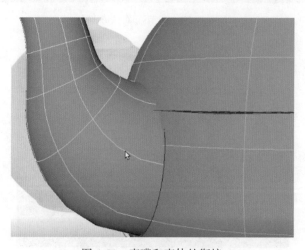

图 4-51　壶嘴和壶体的衔接

如果在场景中未出现圆弧曲面，就要修改曲面圆角参数，如将主半径设置为负数，如图 4-52 所示。

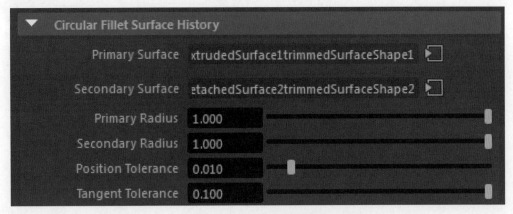

图 4-52　修改曲面圆角参数

执行曲面圆角菜单命令后出现的圆弧曲面如图 4-53 所示。

图 4-53　执行曲面圆角菜单命令后出现的圆弧曲面

继续调整其他参数，这时在场景中就得到了想要的过渡曲面，如图 4-54 所示。

步骤 3：可以利用生成的曲线来对曲面进行切割操作。选择曲线→切割菜单命令，再选择需要保留的部分，如图 4-55 所示。这样就在壶体中把多余的部分删除了，再用生成的曲面连接壶体和壶嘴部分。

步骤 4：对把手的部分，同样可以进行相应的操作。

先对把手形态做相应的调整，利用等参线在衔接处增加段数，以增强曲面形态的可控制性，如图 4-56 所示。

图 4-54 想要的过渡曲面

图 4-55 切割操作的效果

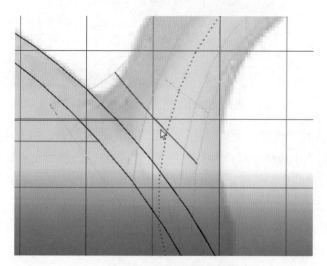

图 4-56 调节把手形态

选择曲面→插入等参线菜单命令，再利用曲面点、壳线等子层级对象调节把手形态。当把手形态调节完毕后，就可以进行衔接操作了，同时选择把手和壶体，执行曲面圆角菜单命令。

如果未出现圆弧曲面，适当调节参数，如主半径和次半径设置为 0.2、−0.2，会得到比较好的效果，也可以根据具体场景做适当调节。衔接后的壶体与把手如图 4-57 所示。

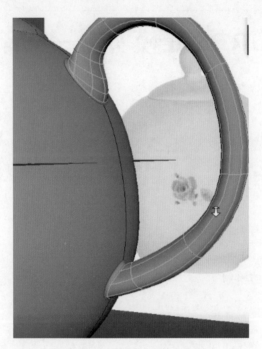

图 4-57　衔接后的壶体与把手

对当前曲面执行修剪操作，完成后就得到了最终形态。

第 5 章

NURBS 建模实例——音箱

关键知识点

- 建模流程的分析与曲线的绘制
- 前面板的制作
- 前面板分离曲线的绘制
- 分离面板的制作
- 主音喇叭的制作
- 副音喇叭与音箱整体的制作

5.1　建模流程的分析与曲线的绘制

步骤1：创建音箱参考图。选择创建→自由图像平面菜单命令，然后在属性面板中，单击图片名称后面的文件夹按钮，打开音箱参考图。首先选择音箱正面图，如图5-1所示，调节其大小，调节标准依然是有利于曲线绘制，尽量使边缘部分对齐到网格线，方便依赖网格线来绘制。在透视图中移动音箱参考图，以便留出空间来建模。将自由平面的变换属性进行锁定，防止误操作。

步骤2：分析音箱参考图。音箱参考图主要由前面板、分割部分、扬声器（俗称喇叭）部分、文字效果等组成。可以从整体到局部对音箱进行建模。

步骤3：采用绘制曲线的方法来完成前面板的构建。单击 CV 曲线菜单命令，沿着音箱参考图中的音箱边缘进行绘制，在拐角处适当增加控制顶点，在平坦处控制顶点的跨度适当设置得大一些。当控制顶点绘制好之后，前面板的效果如图5-2所示。按回车键确认绘制好的前面板曲线，其效果如图5-3所示。

图 5-1　音箱正面图

图 5-2　前面板的效果

根据模型，微调各个控制顶点，使得曲线符合参考模型形态。

进入编辑点组件，选择纵向中间的编辑点。选择曲线→分离菜单命令，完成在此编辑点处断开当前曲线的操作。当当前曲线断开后，删除上面曲线，保留下面曲线。保留下面曲线的效果如图5-4所示。将下面曲线沿 *Y* 轴方向进行复制（按 Ctrl+D 组合键），得到上面的一条曲线，其效果如图5-5所示。

图 5-3　前面板曲线的效果　　　　　　图 5-4　保留下面曲线的效果

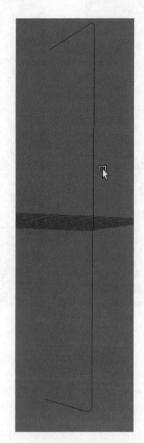

图 5-5　沿 Y 轴方向进行曲线复制的效果

同时选择上、下两条曲线，选择曲线→附加菜单命令，将两条曲线连接，选择混合附加方式。将此曲线沿 X 轴方向进行复制（按 Ctrl+D 组合键），得到两条左右对称的曲线，如图 5-6 所示。

图 5-6　沿 X 轴方向进行曲线复制的效果

再次选择曲线→附加菜单命令，将两条曲线进行连接。在执行附加操作后，若出现如图 5-7 所示的错误现象，则撤销附加操作，并将复制得到的左边的曲线进行反转方向操作，再次进行附加操作，其效果如图 5-8 所示。

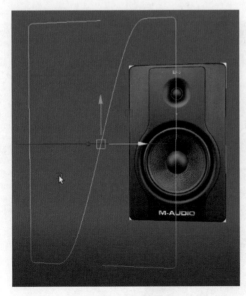

图 5-7　错误现象

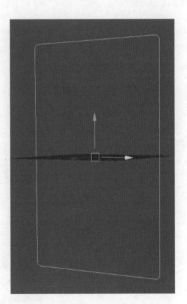

图 5-8　再次进行附加操作的效果

此曲线是非闭合的曲线，可选择曲线→开放／闭合菜单命令，将曲线闭合。

5.2 前面板的制作

复制出一条曲线，如图 5-9 所示。

对这两条曲线进行放样操作，得到前面板的侧面轮廓，如图 5-10 所示。

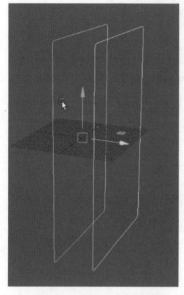

图 5-9　复制出一条曲线

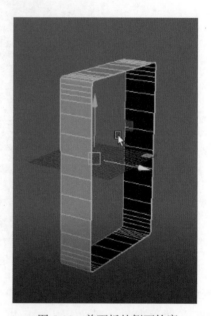

图 5-10　前面板的侧面轮廓

在属性面板中，增加放样得到的曲面段数，其效果如图 5-11 所示。

图 5-11　增加放样得到的曲面段数的效果

在顶视图中，利用三点圆弧工具，在侧面轮廓的周围绘制一个三点圆弧，如图 5-12 所示。

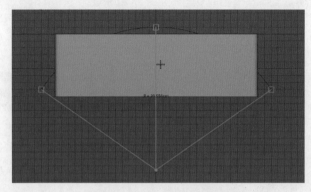

图 5-12　绘制一个三点圆弧

将圆弧反转，并将中心点捕捉到轴线上，如图 5-13 所示。

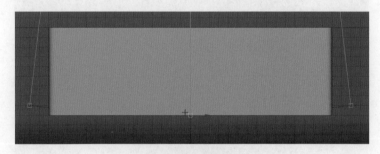

图 5-13　反转圆弧

这样就得到一条弧度适中的曲线，如图 5-14 所示。

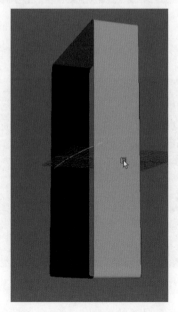

图 5-14　得到一条弧度适中的曲线

对此曲线利用修改→居中枢轴菜单命令来中心化轴心点，如图 5-15 所示。

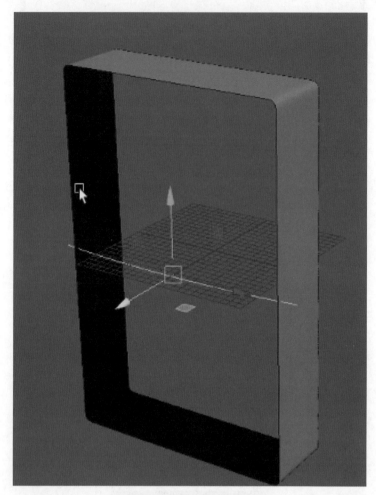

图 5-15　中心化轴心点

在顶视图中，根据前面板形态，将圆弧放置在适当的位置，如图 5-16 所示。

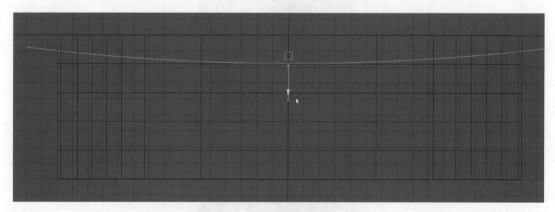

图 5-16　将圆弧放置在适当的位置

复制出一条圆弧，并调整两条圆弧的位置，如图 5-17 所示。

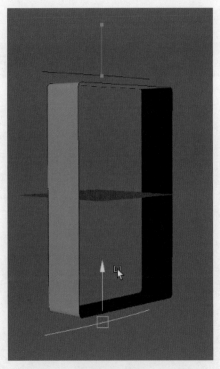

图 5-17　调整两条圆弧的位置

利用这两条圆弧，进行放样操作，其效果如图 5-18 所示。

图 5-18　放样操作的效果

对放样操作得到的曲面，增加段数，如图 5-19 所示。

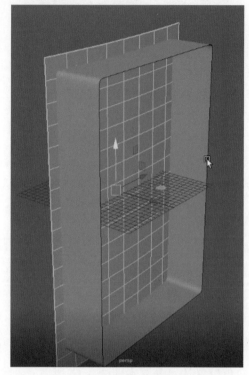

图 5-19　增加段数

同时选择当前曲面和侧轮廓曲面，执行曲面→曲面圆角菜单命令，勾选在曲面上创建曲线复选框，设置适当的半径，如设置半径为 0.2，单击圆角按钮，其效果如图 5-20 所示。

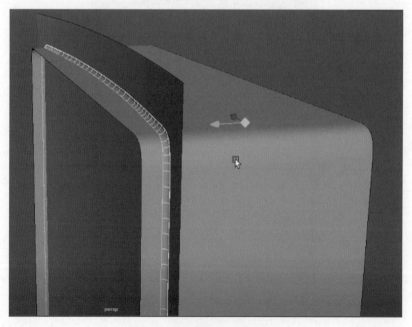

图 5-20　曲面圆角操作的效果

根据实际形态，调整圆角的位置，调整主半径和次半径参数的数值。

选择曲面→修剪工具菜单命令，再保留中间区域，如图 5-21 所示，按回车键确认。

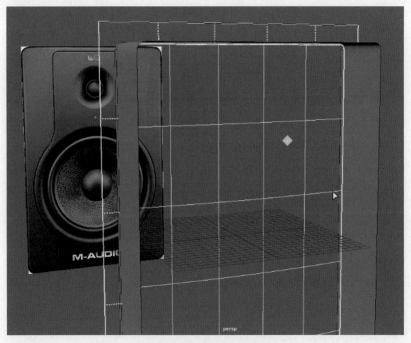

图 5-21 保留中间区域

依次修剪后，得到了过渡的圆弧曲面，依次连接侧面板和前面板，如图 5-22 所示。

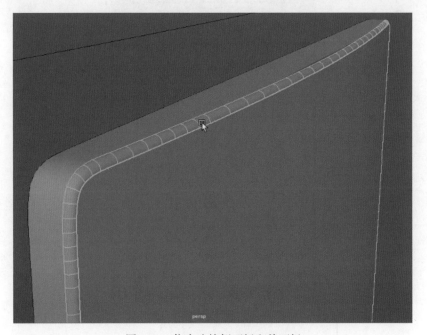

图 5-22 依次连接侧面板和前面板

至此，前面板最外侧的轮廓线被绘制完成，前面板建模也被完成。

5.3 前面板分离曲线的绘制

创建一个标准的 NURBS 圆形，调整其大小、位置、方向，使其匹配音箱参考图，如图 5-23 所示。

图 5-23 创建一个标准的 NURBS 圆形

利用 CV 曲线工具，按住 X 键捕捉网格点，绘制如图 5-24 所示的曲线。调整曲线的形态，使其更加匹配音箱参考图。

图 5-24 绘制曲线

在 NURBS 圆形曲线上，进入曲线点组件，在 NURBS 圆形曲线与第二条曲线相交的两个点处进行断开操作，如图 5-25 和图 5-26 所示，亮点处即是断开的位置。

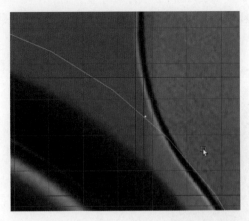
图 5-25 第一个相交点（上）

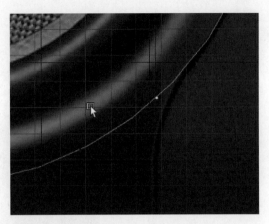
图 5-26 第二个相交点（下）

有了断开点后，利用曲线→断开菜单命令来断开曲线，从而得到了两条弧线。删除左侧多余的曲线，保留右侧的弧线，如图 5-27 所示。

图 5-27 保留右侧的弧线

在第二条曲线与 NURBS 圆形弧线相交的地方，同样进行断开操作，得到三条曲线，将如图 5-28 所示的中间曲线删除。

图 5-28 删除中间曲线

对上面一段曲线与圆弧曲线，利用曲线→附加菜单命令进行附加操作，其效果如图 5-29 所示。

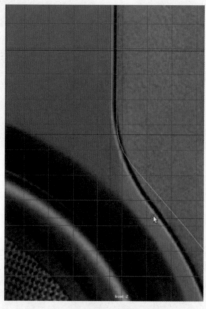

图 5-29　附加操作的效果

　　如果附加操作后出现错误现象，则尝试进行删除记录、冻结、居中枢轴、反转方向等操作。

　　如果附加操作后依然出现错误现象，则分别进入两条曲线的曲线点组件，在需要连接的位置设立曲线点，然后利用曲线→圆角菜单命令来创建圆角。Fillet Curve Options 界面如图 5-30 所示。

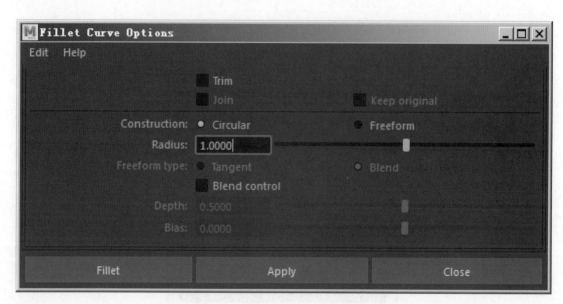

图 5-30　Fillet Curve Options 界面

执行圆角菜单命令后，得到一条过渡曲线，如图 5-31 所示。

图 5-31　过渡曲线

这时，再次选择上面一段曲线、生成的过渡曲线、圆弧曲线，执行附加操作，最大化地保持曲线的原始形态。

这样就通过圆角工具将曲线进行了连接，其效果如图 5-32 所示，然后删除原始曲线和曲线历史即可。

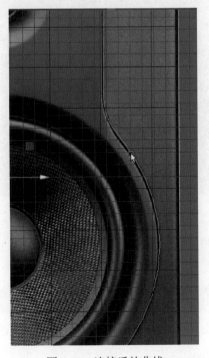

图 5-32　连接后的曲线

用同样的方法，连接曲线与下面一段曲线。连接后的下半段曲线如图 5-33 所示。

图 5-33　连接后的下半段曲线

这样，整段曲线就绘制完毕。连接后的整条曲线如图 5-34 所示。

图 5-34　连接后的整条曲线

保存当前结果，删除原始曲线。

5.4　分离面板的制作

按 Ctrl+D 组合键，对当前曲线沿 X 轴方向进行复制，得到一组曲线，如图 5-35 所示。

图 5-35　沿 X 轴方向进行复制

选择左右两条曲线，进行连接操作，执行曲线→附加菜单命令，连接后的效果如图 5-36 所示。

曲线形态在透视图中的效果如图 5-37 所示。

图 5-36　连接后的效果

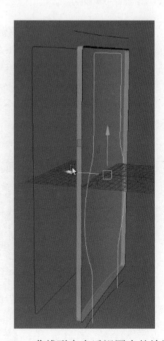

图 5-37　曲线形态在透视图中的效果

这时要对前面板进行分离，完成接缝形态的创建。其思路是用当前曲线对之前创建的前面板曲面进行投影，再对其剪切，从而得到一部分曲面。

先复制前面板曲面，将复制得到的曲面放置到一个新层中，进行隐藏。

选择曲线，再选择曲面，如图 5-38 所示。

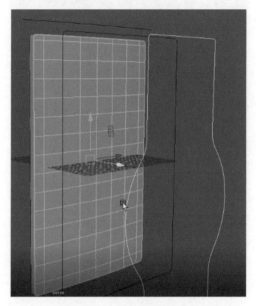

图 5-38　选择曲线和曲面

在前视图中，执行曲面→在曲面上投影曲线菜单命令，这时在曲面上得到一条投影曲线，如图 5-39 所示。

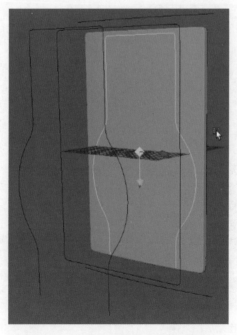

图 5-39　在曲面上得到一条投影曲线

执行曲面→修剪工具菜单命令，保留外侧边缘部分，修剪掉中间部分，其效果如图 5-40 所示。

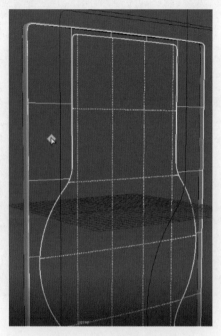

图 5-40　修剪操作的效果

按回车键确认，得到了剪切曲面形态，如图 5-41 所示。

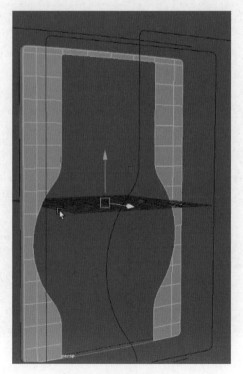

图 5-41　剪切曲面形态

进入曲面的剪切边界组件，选择曲面上的剪切边界，如图 5-42 所示。

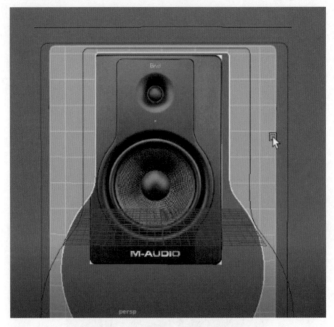

图 5-42　选择曲面上的剪切边界

执行曲面→倒角菜单命令，按图 5-43 所示进行设置。

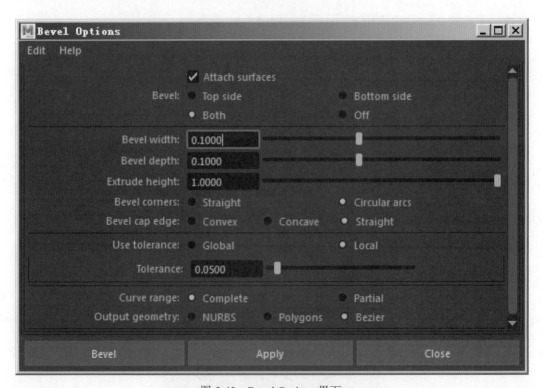

图 5-43　Bevel Options 界面

单击 Apply 按钮后，得到倒角曲面，如图 5-44 所示。

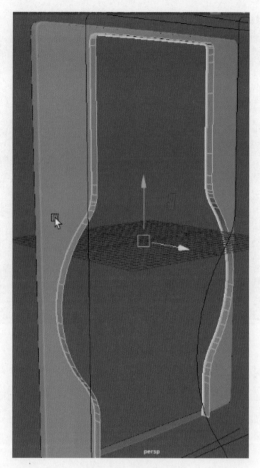

图 5-44　倒角曲面

　　当前曲面不是我们想要的，将挤出深度设置为 -1，深度设置为 -0.1，宽度设置为 -0.1，倒角形态类型设置为曲线输入，此时就得到了一个理想的曲面。

　　显示被隐藏的曲面，将曲面向前（外）移动一定距离，在顶视图中的效果如图 5-45 所示。

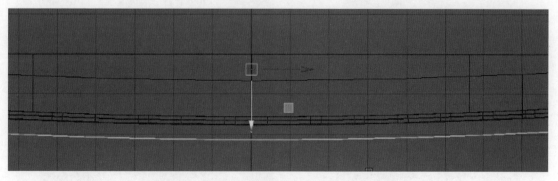

图 5-45　在顶视图中的效果

　　选择分割曲线，执行曲线→偏移菜单命令，偏移距离设置为 0.2，按图 5-46 所示进行设置。

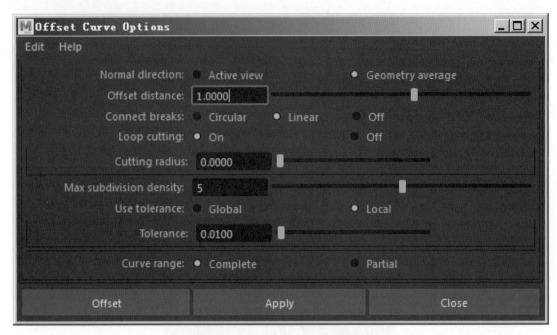

图 5-46 Offset Curve Options 界面

至此，得到了向内偏移的新曲线。接下来，利用偏移后的曲线对曲面进行投影。

选择这条曲线，再选择移动后的曲面，执行曲面→在曲面上投影曲线菜单命令，在透视图中的效果如图 5-47 所示。

执行曲面→修剪工具菜单命令，对里面部分进行保留，如图 5-48 所示。得到的新剪切面如图 5-49 所示。

进入剪切边界组件，选择边界，注意完整度（要选择全部剪切边界），再执行倒角菜单命令。倒角操作后出现的错误现象如图 5-50 所示。

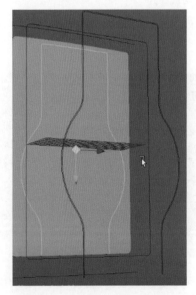

图 5-47 在透视图中的效果

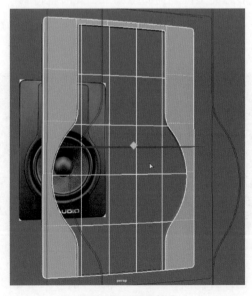

图 5-48 保留里面部分

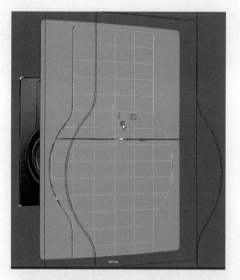

图 5-49 得到的新剪切面

图 5-50 倒角操作后出现的错误现象

在参数中，微调参数值，宽度设置为 −0.1，曲线输入，这时就得到了理想的倒角操作的效果，如图 5-51 所示。

检查每个细节，继续完善细节，如图 5-52 所示。

图 5-51 理想的倒角操作的效果

图 5-52 继续完善细节

进入等参线组件，利用自由形式圆角菜单命令对缺失的部分进行完善，这样就对拐角处进行了圆滑处理。

对已经建模完成的曲面删除历史并保存。

5.5　主音喇叭的制作

在前视图中，创建一个球体（即 NURBS 球体），调整球体的位置、大小、方向，使其匹配音箱参考图中的图形，如图 5-53 所示。

在前视图中，创建一个圆环（即 NURBS 圆环），调整圆环的位置、大小、方向，设置半径、高度比，使其匹配音箱参考图中的图形，如图 5-54 所示。

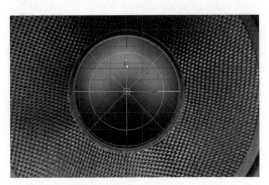

图 5-53　创建一个球体

图 5-54　创建一个圆环

复制并放大圆环，如图 5-55 所示。

在透视图中，对球体和两个圆环进行编辑，将球体向后移动，如图 5-56 所示。

图 5-55　复制并放大圆环

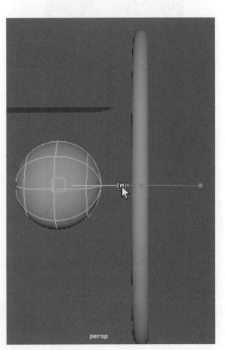

图 5-56　将球体向后移动

选择中间的圆环，进入等参线组件，选择该圆环上的两条等参线，如图 5-57 所示。执行曲面→分离菜单命令，对中间的圆环进行分离操作，再把其后面部分删除。

选择外侧的大圆环，进入等参线组件，选择该圆环上的两条等参线。执行曲面→分离菜单命令，对外侧的大圆环进行分离操作，再把其前面部分删除。分离操作后的两个圆环如图 5-58 所示。

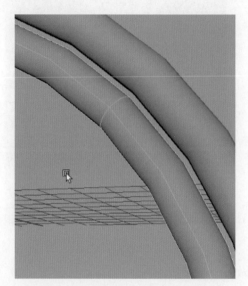

图 5-57　选择该圆环上的两条等参线

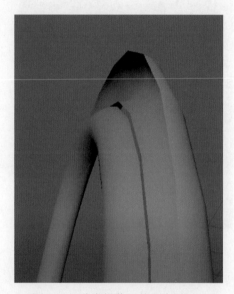

图 5-58　分离操作后的两个圆环

将外侧的大圆环向后移动少许，再分别选中这两个圆环上的等参线，如图 5-59 所示。

执行曲面→自由形式圆角菜单命令，对这两个圆环进行连接操作。连接后的圆环如图 5-60 所示。

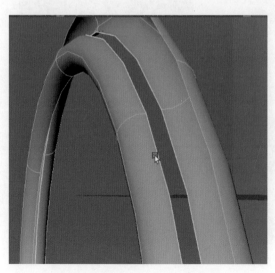

图 5-59　选中这两个圆环上的等参线

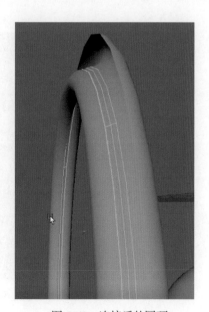

图 5-60　连接后的圆环

选择圆环外层，进入壳线组件，通过移动壳线对圆环外层进行放大、向外移动操作，如图 5-61 所示。

选择圆环外层，进入等参线组件，执行曲面→插入等参线菜单命令，插入 3 条等参线，如图 5-62 所示，这样就增加了曲面的可控性。

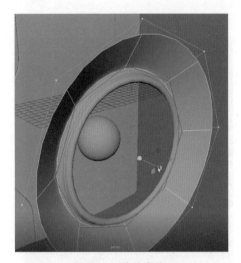

图 5-61　移动壳线

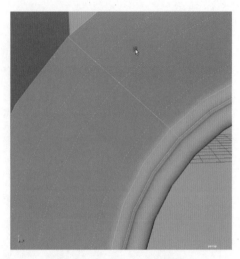

图 5-62　插入 3 条等参线

选择凹槽，进入壳线组件，对凹槽的形态做进一步调节。

选择球体，添加一条等参线，如图 5-63 所示。执行曲面→分离菜单命令，对该球体进行分离操作，保留小半球，如图 5-64 所示，删除历史。

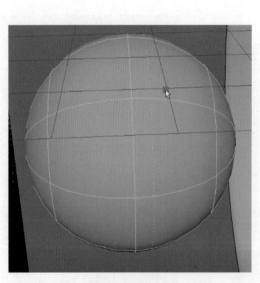

图 5-63　在球体上添加一条等参线

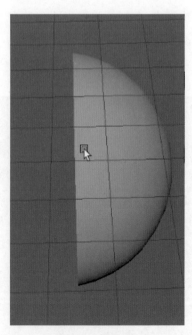

图 5-64　保留小半球

进入等参线组件，复制一条等参线，如图 5-65 所示。执行曲线→复制曲面曲线菜单命令，居中枢轴。

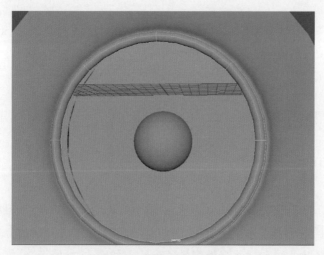

图 5-65　复制一条等参线

同时选中圆环和球体，执行居中枢轴菜单命令。然后执行修改→捕捉对齐对象→对齐对象菜单命令，按图 5-66 所示进行设置。

图 5-66　Align Objects Options 界面

选择上面复制得到的曲线，适当缩小，再选择圆环外层的一条内侧等参线，如图 5-67 所示。

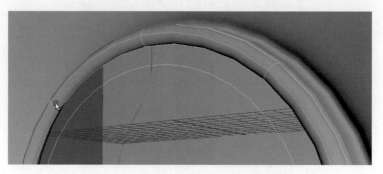

图 5-67　选择圆环外层的一条内侧等参线

执行曲面→放样菜单命令，得到一条相对平滑的衔接曲面，如图 5-68 所示。

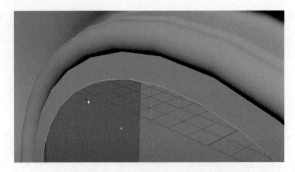

图 5-68　得到一条相对平滑的衔接曲面

选择内侧曲线，向后放大并移动，形成曲线内收的效果，如图 5-69 所示。

选择球体外层的等参线，执行复制曲面曲线菜单命令，居中枢轴，然后放大并复制得到的曲线，同时选择此曲线和球体最外层的等参线，如图 5-70 所示。

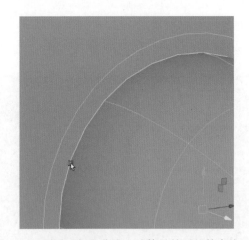

图 5-69　形成曲线内收的效果　　　　图 5-70　同时选择此曲线和球体最外层的等参线

执行曲面→放样菜单命令，得到一个衔接曲面。同时选择球体外层的等参线和圆环内层的等参线，如图 5-71 所示。

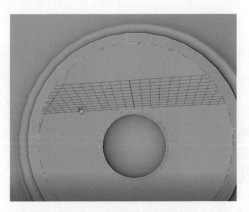

图 5-71　同时选择球体外层的等参线和圆环内层的等参线

执行放样菜单命令，得到如图 5-72 所示的效果，再增加分段数，如图 5-73 所示。

图 5-72 放样操作的效果

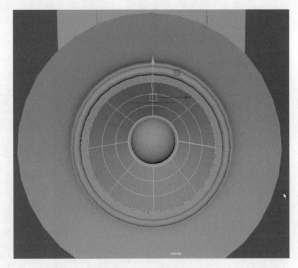

图 5-73 增加分段数

通过控制顶点、壳线来进一步调节主音喇叭的形态。主音喇叭被调节完成后的效果如图 5-74 所示。

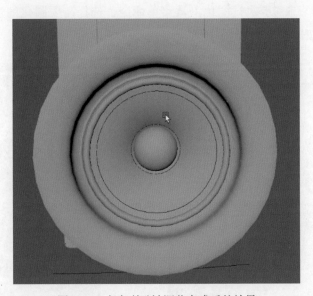

图 5-74 主音喇叭被调节完成后的效果

5.6 副音喇叭与音箱整体的制作

1. 副音喇叭的制作

选择喇叭模型，删除历史，居中枢轴，将其移动到面板模型内部，并适当调整形态，

Maya 建模项目教程

使其更好地匹配面板，如图 5-75 所示。

执行曲面→相交菜单命令，得到相交曲线，如图 5-76 所示。

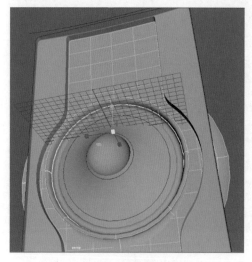

图 5-75　调整喇叭模型

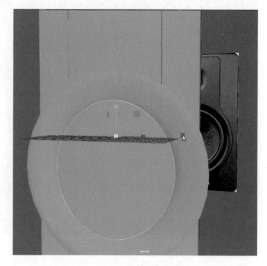

图 5-76　得到相交曲线

利用修剪工具将多余部分剪切。修剪后的效果如图 5-77 所示。

对于过渡部分，进一步执行圆化工具菜单命令，选择需要圆化的边，如图 5-78 所示。设置适当的半径，按回车键确认。

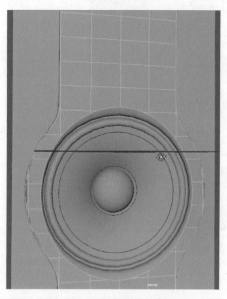

图 5-77　修剪后的效果

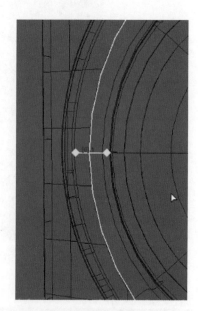

图 5-78　圆化操作

在前视图中，创建一个球体（即 NURBS 球体），调整其大小、位置和方向，如图 5-79 所示。

执行分离菜单命令，保留一半球体，如图 5-80 所示。

选择球体最外层的等参线，执行复制曲面曲线菜单命令，居中枢轴，然后放大复制得到的曲线，如图 5-81 所示。

再次复制并放大球体最外层的等参线,如图 5-82 所示。

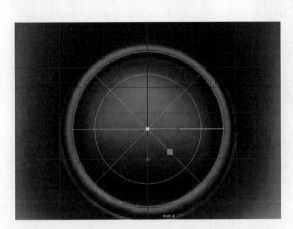

图 5-79 创建一个球体

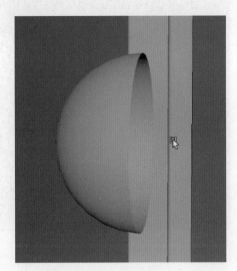

图 5-80 保留一半球体

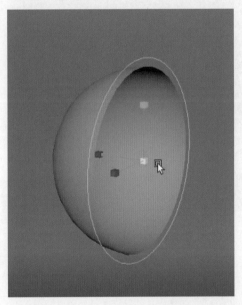

图 5-81 放大复制得到的曲线

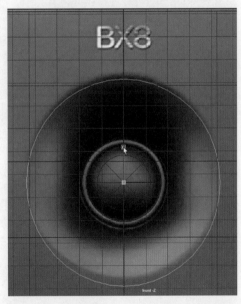

图 5-82 再次复制并放大球体最外层的等参线

选择球体外层的等参线和第一次复制得到的曲线,执行放样菜单命令,得到衔接曲面,如图 5-83 所示。

选择新得到的衔接曲面外层的等参线和第二次复制得到的曲线,执行放样菜单命令,其效果如图 5-84 所示。增加段数,如图 5-85 所示。

通过壳线、控制顶点等进一步调整形态,删除历史,居中枢轴。

选择曲面,再次选择面板,执行相交菜单命令。之后,执行修剪工具菜单命令,保留部分如图 5-86 所示。修剪操作的效果如图 5-87 所示。

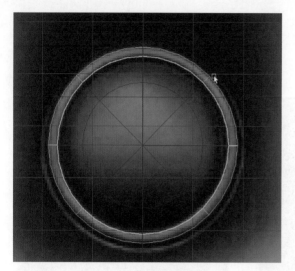

图 5-83　得到衔接曲面

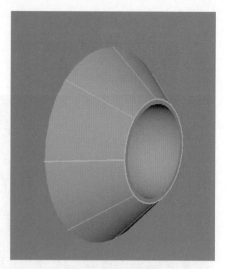

图 5-84　再次放样操作的效果

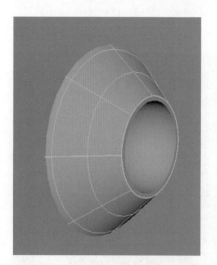

图 5-85　增加段数

图 5-86　保留部分

图 5-87　修剪操作的效果

内侧曲面同样执行修剪工具菜单命令，保留部分如图 5-88 所示。再次修剪操作的效果如图 5-89 所示。

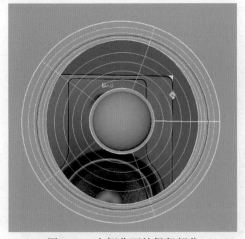

图 5-88　内侧曲面的保留部分

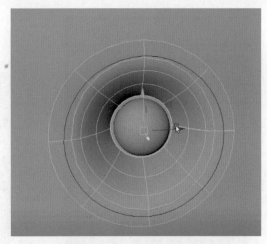

图 5-89　再次修剪操作的效果

通过圆化工具进一步调整过渡部分。

2. 创建前面板的文本

通过创建→类型菜单命令创建前面板顶部文本。在属性面板输入框中输入"BX8"，再根据需求来判断是否要创建倒角效果。调整前面板顶部文本的大小和位置，居中枢轴，其效果如图 5-90 所示。

用同样的方法创建前面板底部文本，其效果如图 5-91 所示。

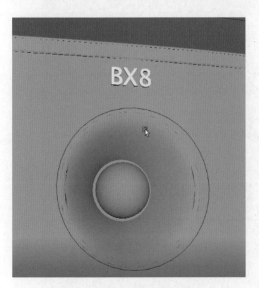

图 5-90　前面板顶部文本效果

图 5-91　前面板底部文本效果

3. 音箱侧面的建模

选择音箱侧面外层的等参线，如图 5-92 所示。

执行曲面→倒角菜单命令，选择顶边，然后在参数中，设置宽度为 -0.05、深度为 0.05、挤出深度为 0，其效果如图 5-93 所示。

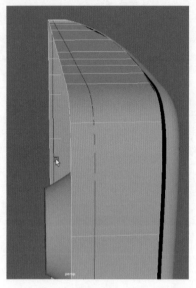

图 5-92　选择音箱侧面外层的等参线

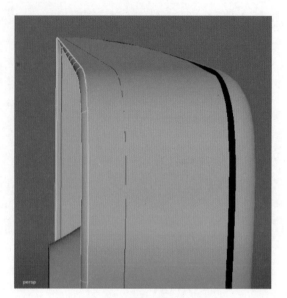

图 5-93　倒角操作的效果

移动曲线到相应的位置，如图 5-94 所示。

复制当前曲线并移动，从而构建箱体，如图 5-95 所示。

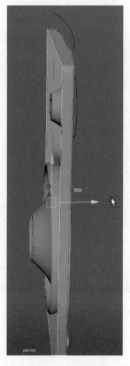

图 5-94　移动曲线到相应的位置

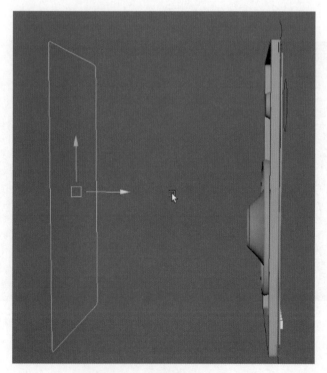

图 5-95　构建箱体

选择两条曲线，执行放样菜单命令，增加段数，其效果如图 5-96 所示。

图 5-96　放样操作的效果

进一步调整衔接的地方，可以使用倒角菜单命令，如图 5-97 所示。

图 5-97　调整衔接的地方

选择音箱背面外层的等参线，如图 5-98 所示。执行曲面→平面菜单命令，在背面形成一个平面。

利用圆化工具或曲面圆角工具，对侧面与背面接缝的地方进行平滑操作，剪切掉多余的部分，其效果如图 5-99 所示。

至此，音箱整体的建模就完成了。音箱整体的效果如图 5-100 所示。

图 5-98　选择音箱背面外层的等参线

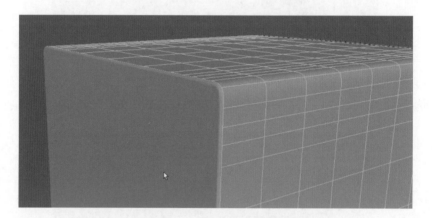

图 5-99　平滑操作的效果

图 5-100　音箱整体的效果

第 *6* 章

多边形建模实例

关键知识点

- 建模流程
- 基本几何体创建
- 多边形物体制作的常用操作

6.1 学习要点

详细讲解 Maya 多边形建模的方法与技巧。通过卡通加农炮的炮管建模实例，充分讲解多边形建模的基本流程，以及各种常用多边形建模菜单命令的使用方法。在初次学习 3D 建模的时候，我们要学会对复杂模型进行仔细观察，然后进行合理的结构拆解，让每个拆解部分在结构上能更加简化，在形态上尽量贴近程序自身提供的基础形态，如球体、立方体、锥体、圆柱体等，再通过相应的建模菜单命令及手动修饰操作，达到最终想要的模型结构形态。

合理拆解的方式能更加有利于我们在实际操作时条理分明、步骤清晰。卡通加农炮大致拆分成以下各部分：炮管、炮身车架、炮身车轮及炮管支架，如图 6-1 所示。

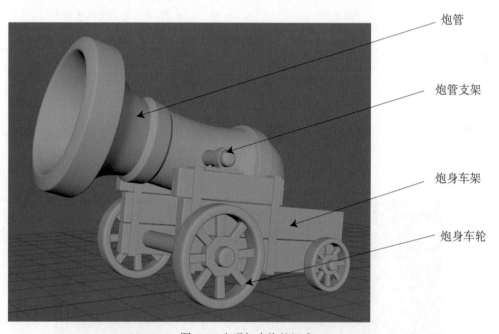

图 6-1   卡通加农炮的组成

6.2   卡通加农炮的炮管建模

1. 设置工程项目

根据场景文件目录，设置实际操作场景工程项目。打开文件（File）菜单，单击设置项目（Set Project）菜单命令，如图 6-2 所示。在打开的界面中，单击 05_Polygon_model_Case 文件夹，最后单击 Set 按钮。

2. 创建参考图平面

打开创建（Create）菜单，单击自由图像平面（Free Image Plane）菜单命令，如图 6-3

所示，载入卡通加农炮参考图，场景中出现自由图像平面物体，如图 6-4 所示。在属性面板的图像名称（Image Name）栏中，单击文件夹按钮，如图 6-5 所示。在打开的 Open 界面中，选择 Cannon.jpg 图片，如图 6-6 所示，最后单击 Open 按钮。

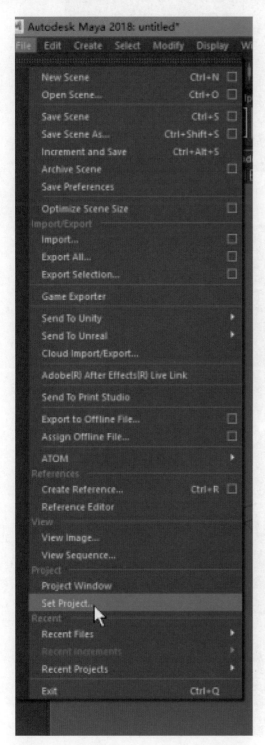

图 6-2　单击设置项目（Set Project）菜单命令

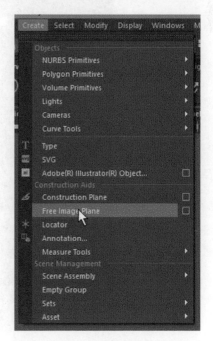

图 6-3　单击自由图像平面菜单命令

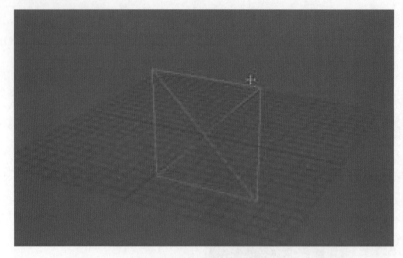

图 6-4　自由图像平面物体

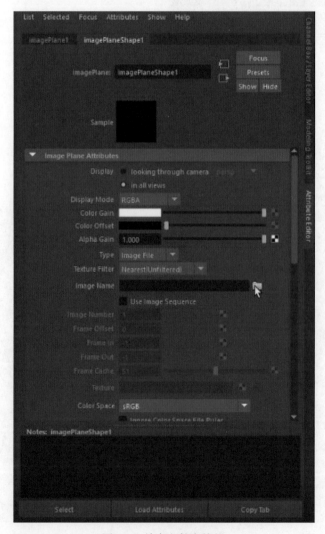

图 6-5　单击文件夹按钮

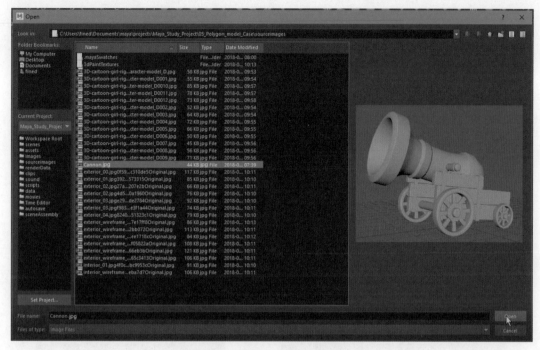

图 6-6 选择 Cannon. jpg 图片

3. 锁定参考图的变换属性

将当前视图中的参考图移动到栅格后方，然后把参考图放大到有利于观察的尺寸，如图 6-7 所示。在属性面板中，框选参考图的变换属性，如图 6-8 所示。然后在右键菜单中，选择 Lock Selected 菜单命令，如图 6-9 所示。将自由平面图像物体进行冻结锁定后，可以避免操作过程中的误操作。

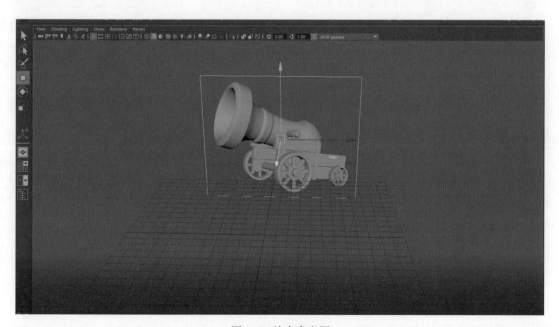

图 6-7 放大参考图

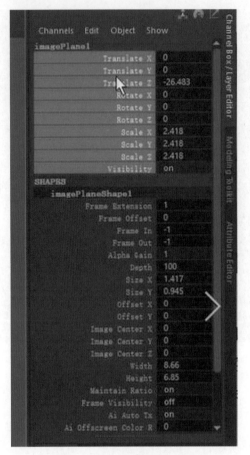

图 6-8　框选参考图的变换属性

图 6-9　选择 Lock Selected 菜单命令

4. 使用显示层方法隐藏显示参考图

选中参考图，在右侧层（Layers）菜单中单击从选定对象创建层图标按钮，为参考图建立显示层，便于隐藏和写实操作，如图 6-10 所示。

5. 创建与编辑基本多边形球体

在前视图中，创建球体。根据参考图比例把球体放大到适当大小，并对它进行旋转操作，沿 Z 轴方向旋转 90°，如图 6-11 所示。

在球体上面右击，进入面（Face）组件，然后选择一半球体面，按 Delete 键删除这一半球体面，通过侧视图观察删除的状态，看看我们是否已得到确定的半球体形状，如图 6-12 所示。通过视图显示菜单命令强制灯光双面显示，这样有利于对模型进行内外面结构的实体观察。

6. 依据参考图对炮管进行挤压操作

在半球体模型上方右击，进入边（Edge）组件。通过双击选中模型的最外侧边，如图 6-13 所示。打开编辑网格（Edit Mesh）菜单，单击挤压（Extrude）菜单命令，如图 6-14 所示。在弹出的 Extrude Edge Options 界面中，通过 Reset Settings 菜单命令重置参数，让参数恢复到默认状态，然后单击 Apply 按钮，从而在视图中进行挤压操作，如图 6-15 所示。

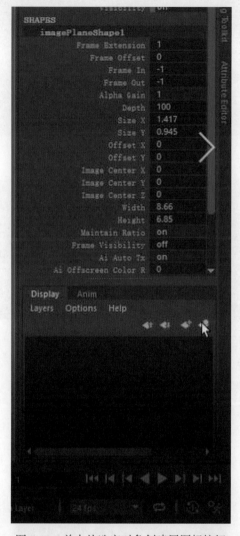

图 6-10　单击从选定对象创建层图标按钮

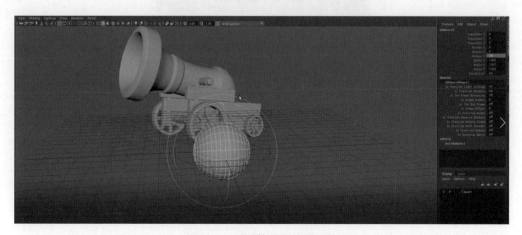

图 6-11　对球体进行旋转操作

Maya 建模项目教程

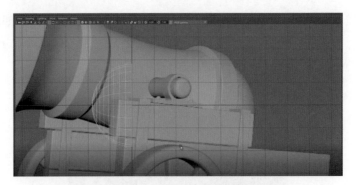

图 6-12　删除一半球体面

图 6-13　选中模型的最外侧边

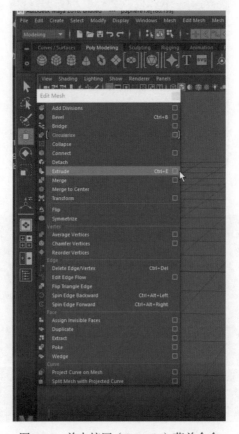

图 6-14　单击挤压（Extrude）菜单命令

158

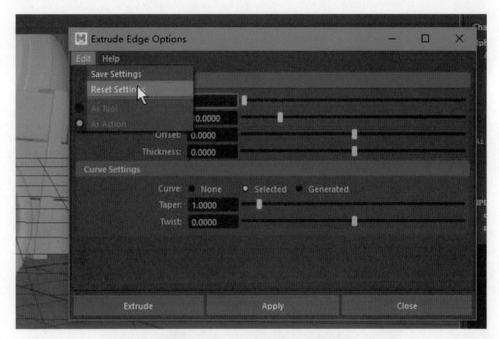

图 6-15　Extrude Edge Options 界面

在默认状态下，挤压操作是沿着物体的结构方向进行的。如果我们要沿着物体的实际坐标方向进行挤压操作，可以单击操作手柄上的开关按钮来切换坐标方向，如图 6-16 所示。然后通过坐标、向前移动及缩放手柄进行合理的挤压操作，从而挤压生成尾部结构。通过按 G 键，可以重复当前已经执行的操作。

生成尾部结构的操作：首先向前移动挤压边，然后单击缩放手柄进行切换操作，选中手柄中心方块，进行整体放大挤压，厚度应符合自身审美或参考图的标准。接着整体向前移动，形成一点点斜面，如图 6-17 所示。按 G 键，挤压出宽度，如图 6-18 所示。再次按 G 键向内进行缩放，两边接近即可，然后向前移动形成斜面，如图 6-19 所示。这样炮管的尾部模型基本完成。

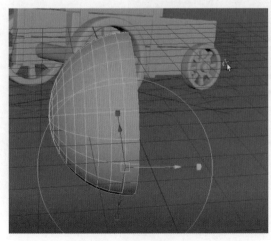

图 6-16　切换坐标方向

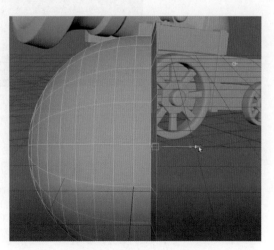

图 6-17　形成一点点斜面

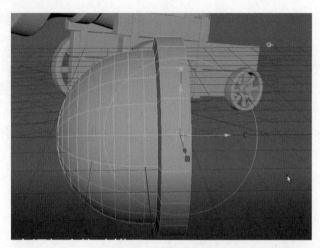

图 6-18　挤压出宽度

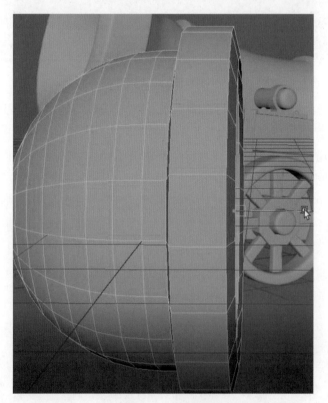

图 6-19　形成斜面

7. 通过挤压操作构建炮管中间结构

　　按 G 键，重复挤压操作，向前挤压并缩放，形成一定的弧形，如图 6-20 所示。再次按 G 键，再次向前挤压并缩放，又形成一定的弧形，如图 6-21 所示。再次按 G 键，向前挤压，形成的厚度接近参考图的效果即可，如图 6-22 所示。按 G 键进行缩放，再向前移动一点，始终保持水平方向，再次按 G 键进行向前挤压并适当放大，如图 6-23 所示。然后再次重复向前挤压并放大，再次按 G 键向前拖动并放大，其效果如图 6-24 所示。

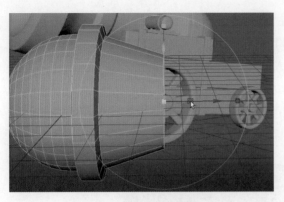
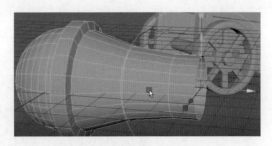

图 6-20　形成一定的弧形　　　　　　图 6-21　又形成一定的弧形

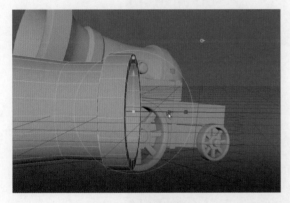
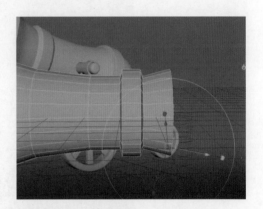

图 6-22　形成厚度　　　　　　　　图 6-23　向前挤压并适当放大

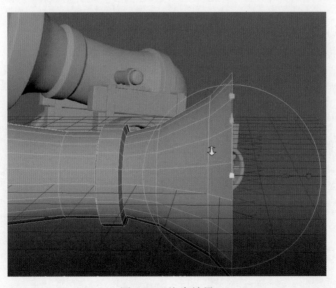

图 6-24　炮身效果

8. 通过挤压操作构建炮口结构

按 G 键向前略微拖动，炮口造型如图 6-25 所示。再次按 G 键放大，可以向前进行适当的倾斜（炮口的厚度可以设置得厚点，以达到夸张的效果）。再次挤压，挤压出炮口的深度。然后再次挤压，向前延伸，倾斜一点炮口，这个可以根据自己的想象和视觉效果来造型，如图 6-26 所示。再次挤压，并切换坐标方向，适当增加炮口硬度，如图 6-27 所示。向内挤压出厚度，如图 6-28 所示。再次进行向内挤压并缩放，通过其他视角调节整体比例，如图 6-29 所示。然后向内挤压，尽量与外部的分割线保持对齐，再次按 G 键向内挤压。保持选中状态，再次挤压，向内收缩，完成炮口的建模，如图 6-30 所示。

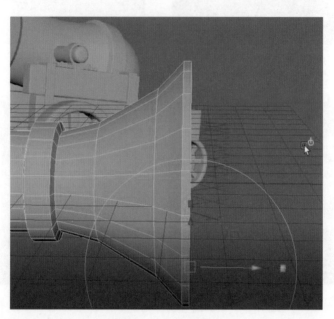

图 6-25 炮口造型

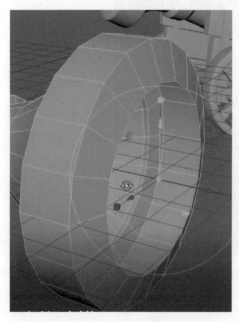

图 6-26 炮口效果

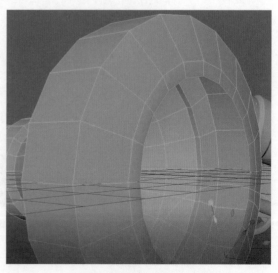

图 6-27 适当增加炮口硬度

图 6-28 挤压出厚度

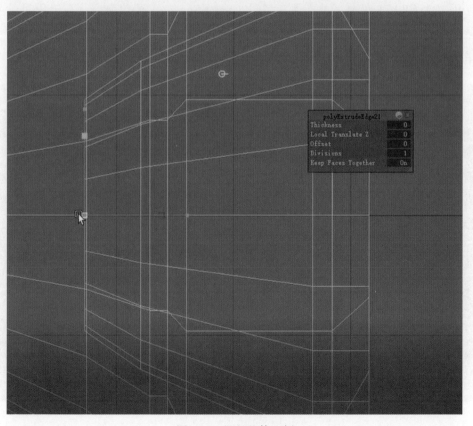

图 6-29 调整整体比例

Maya 建模项目教程

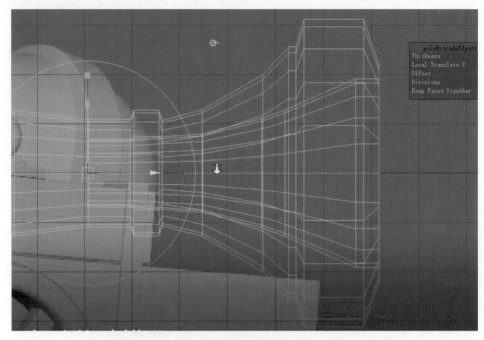

图 6-30　完成炮口的建模

9. 保存场景

打开文件（File）菜单，单击保存场景（Save Scence）菜单命令，在工程目录中进行命名操作，最后单击 Save As 按钮，如图 6-31 所示。也可以使用场景增量保存方法，将场景保存成序列递增的场景版本文件，这样更加有利于防止场景文件出现错误。

图 6-31　保存场景

第 7 章

角色建模实例

关 键 知 识 点

- 角色建模拓扑结构分析
- 头部建模
- 躯干建模
- 手部建模
- 服装建模
- 鞋子建模
- 发型、发饰建模

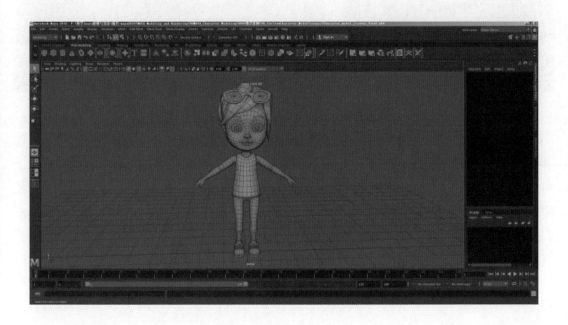

7.1 角色建模拓扑结构分析

角色建模有以下两大难点：

- 能不能合理地把角色建模出来？
- 能不能让角色变得好看？

角色建模合理的依据是角色骨骼特征和角色肌肉特征。

角色骨骼特征决定了角色形态。

角色肌肉特征决定了角色运动变形能力。

因此，在构建角色模型时，最重要的就是要依据角色的肌肉形态走势来合理规划模型线路特征。这样可以更好地调节角色形态，更重要的是，角色在运动时可以更好地发生形变，以符合角色运动规律特征。

如图 7-1 所示，当前图片中角色都依赖于角色肌肉形态，如眼部及与嘴部的连接部分、嘴部及鼻子都符合了肌肉形态走势。因此，当这些角色在进行变形操作和表情绘制时，都能被很好地制作出来。对于这样的线路特征图，应该仔细分析并去记忆。

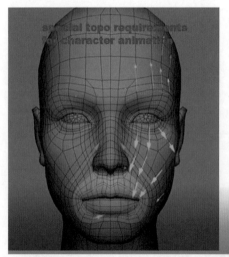
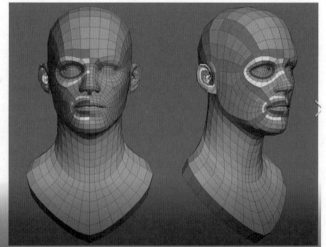

图 7-1　角色建模示例 1

在图 7-2 中，可以看到每个区域的线路特征，如嘴部线路特征、眼部线路特征及下颌骨到耳朵的连接部分的线路特征。所以，优秀的模型都要符合这些线路特征，即要依赖于角色结构及肌肉形态走势。在这些模型建立中，要注意五星点的存在。五星点决定了角色结构的一个走势。每个线路或者说角色结构在这个五星点区域进行分项的导流。五星点的存在会导致模型在此处的张力不够，从而形成凸起。因此，要把五星点放在角色结构转折处或不易变形的位置。

如果想要建立好的耳朵模型就要构建好的轮廓结构，还要对耳朵内部的结构进行线路划分和线路走势划分。同样，嘴部模型要符合嘴的形状、肌肉形态走势及衔接处的设计。

在建模过程中，可以借鉴线路特征图进行模型的建立。局部建模示例如图 7-3 所示。

图 7-2　角色建模示例 2

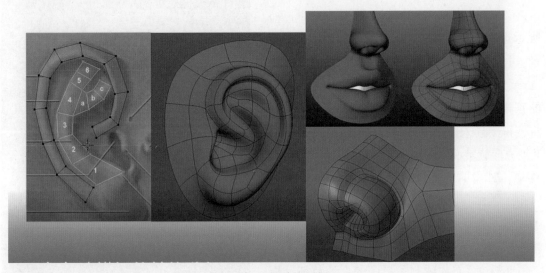

图 7-3　局部建模示例

　　我们要依赖角色形态线路特征和肌肉形态走势来进行拓扑分析。在实际操作中，有以下两种建模方法。

　　第一种是细分建模法：通过一个完整的整体到局部细分雕刻进行建模。该方法能够从整体往各个部分进行细分刻画建模。

　　第二种是拓扑建模法：由局部到整体来进行构建，首先构建出每个区域，根据形态线路特征、肌肉形态走势进行局部建模，然后进行整体建模。该方法是现在比较流行的一种方法，也符合我们之前看到的分析方式。

　　不管是细分建模法还是拓扑建模法，它们最终的模型都要符合拓扑结构及模型形态结构。因此，要合理控制模型的线路走势。这些就是我们在进行角色建模之前要了解的基本知识，也是最重要的建模方法知识。

7.2 头部建模

7.2.1 头部外形制作

在建模过程中，先从头部开始建模，接着进行躯干建模，再进行相互的连接操作，然后进行复式建模（主要是上衣、裤子、鞋子的建模），最后对发型、发饰进行建模。依靠参考图的拓扑线路图及提供的最终场景来学习对模型的线路进行合理的划分操作。

步骤1：如图7-4所示，打开文件（File）菜单，单击设置工程项目（Set Project）菜单命令。在弹出的 Set project 界面中按图7-5所示选择文件，单击 Set 按钮，开始新建场景。打开创建（Create）菜单，单击自由平面（Free Image Plane）菜单命令，将属性面板中的正视图导入图7-6所示文件中。重复操作，将侧视图导入图7-7所示文件中。将侧视图沿 Y 轴方向旋转 90°，接着对其进行相应的空间移动。对当前场景进行保存操作，单击文件（File）菜单，再单击场景另存为（Save Scene As）菜单命令，输入名称 01_head_jiaoxue，单击 Save 按钮，如图7-8所示。

步骤2：首先雕刻参考图的大致特征。根据角色头部特征创建球体，把它放置到头部位置，进行适当的旋转，使球体的结构与嘴部及脸颊部分的线路走势相匹配。放大球体，并对其进行适当移动。在 Tool Settings 界面中进行坐标的切换，这样可以增加实际操作的便利性，如图7-9所示。切换到线框模式，根据嘴部的线路特征图对球体进行规划。切换到侧视图，对球体进行缩放，如图7-10所示。

File	Edit	Create	Select	Modify	Display

New Scene   Ctrl+N ☐
Open Scene...   Ctrl+O ☐

Save Scene   Ctrl+S ☐
Save Scene As...   Ctrl+Shift+S ☐
Increment and Save   Ctrl+Alt+S ☐
Archive Scene   ☐
Save Preferences

Optimize Scene Size   ☐
Import/Export
Import...   ☐
Export All...   ☐
Export Selection...   ☐

Game Exporter

Send To Unity ▶
Send To Unreal ▶
Cloud Import/Export...
Adobe(R) After Effects(R) Live Link
Send To Print Studio

Export to Offline File...   ☐
Assign Offline File...   ☐
ATOM ▶
References
Create Reference...   Ctrl+R ☐
Reference Editor
View
View Image...
View Sequence...
Project
Project Window
Set Project...
Recent
Recent Files ▶
Recent Increments ▶
Recent Projects ▶

Exit   Ctrl+Q

图7-4 单击设置工程项目（Set Project）菜单命令

图 7-5　Set project 界面

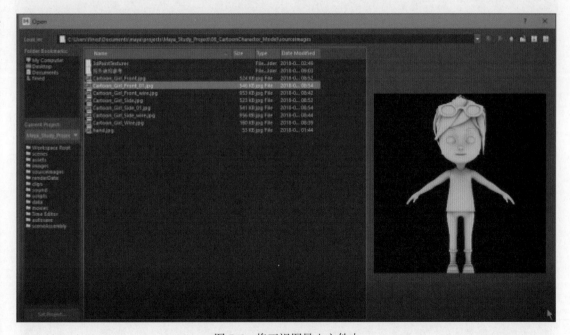

图 7-6　将正视图导入文件中

步骤 3：对嘴部进行相应调节。右击，进入顶点（Vertex）组件，按 B 键打开软选择模式，更大范围地调节点。按住 B 键可以扩大对点的调节范围，这样在选择某个点进行调节时，周边的点也会受到影响。对当前选择的点进行调节，发现它具有弹性，然后将它旋转一下以符合嘴部特征，如图 7-11 所示。在两个视图中来回切换，右击，进入边（Edge）组件，打开对称轴 X，对嘴部进行适当的缩放调节，如图 7-12 所示。进入点模式移动位置，在侧视图中对边线进行调节，在转折结构比较明显的地方进行细致的调整，如图 7-13 所示。回到边模式继续调节嘴部，打开软选择模式，缩小嘴部范围，下巴区域进行适当放大。嘴部经过调节以后，在初始形态上就具备了基本拓扑特征。

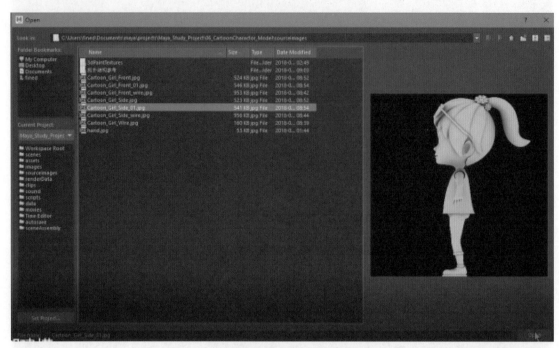

图 7-7　将侧视图导入文件中

图 7-8　保存文件

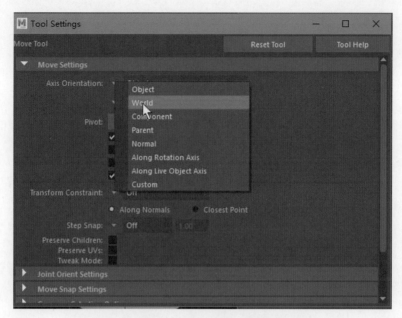

图 7-9　Tool Settings 界面

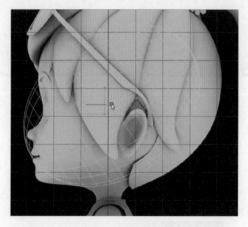

图 7-10　缩放球体

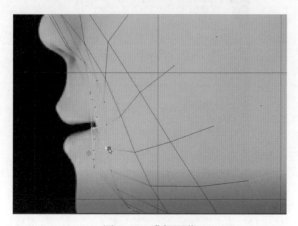

图 7-11　嘴部调节

Maya 建模项目教程

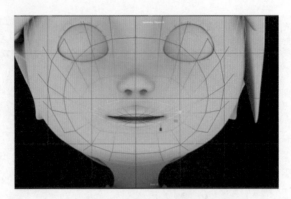

图 7-12　缩放嘴部

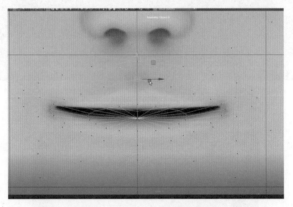

图 7-13　转折处的细致调整

步骤 4：对脸颊部分和嘴部、鼻子的肌肉衔接部分继续进行调整，如图 7-14 所示。首先调节线路，扩大影响范围，至于其形态可以通过雕刻方式进行匹配，在开始阶段可以适当粗略调节，对头部造型与参考模型进行适度的匹配，如图 7-15 所示。通过匹配操作，完成了基本的头部建模。打开文件（File）菜单，执行保存（Save Scene）菜单命令。

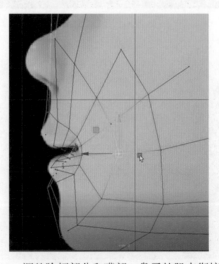

图 7-14　调整脸颊部分和嘴部、鼻子的肌肉衔接部分

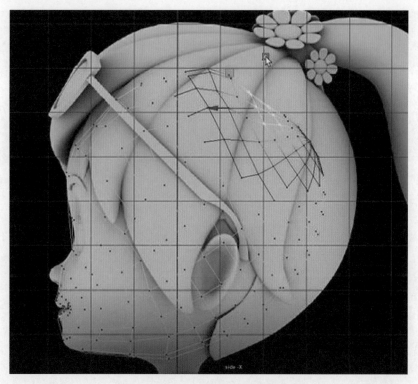

图 7-15　头部造型与参考模型的匹配

7.2.2　眼部、鼻子、嘴部的制作

步骤 1：选中模型，打开网格（Mesh）菜单，单击光滑（Smooth）菜单命令。单击雕刻图标按钮，如图 7-16 所示。打开对称轴 X，通过工具对模型进行雕刻，按住 B 键扩大影响范围，按住 M 键调节雕刻笔刷力度。按住 Shift 键打开光滑工具面板，对力度（Strength）进行调节，如图 7-17 所示。通过调节力度（Strength）的值来适度调节光滑程度。对头部进行光滑操作，并利用光滑模式将头部模型大体雕刻出来，如图 7-18 所示。

图 7-16　单击雕刻图标按钮

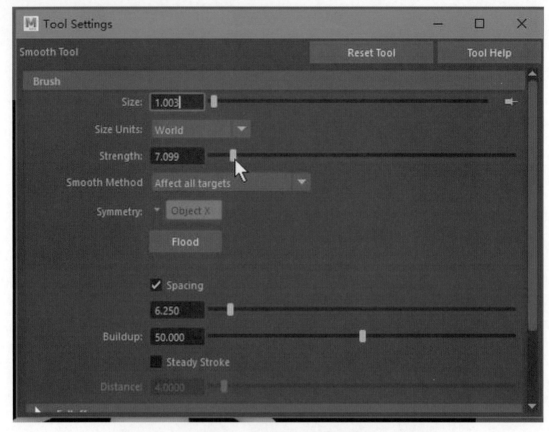

图 7-17　调节力度（Strength）

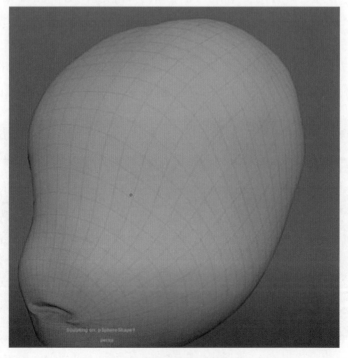

图 7-18　雕刻出头部模型

步骤 2：在眼部位置，按住 Ctrl 键将光滑工具向里推，形成眼窝的形状，如图 7-19 所示。对于结构转折处和比较细小的地方，要将雕刻笔刷调得小一点。先将鼻子可以大致调节出来，其他部分再利用 Shift 键进行大面积绘制。对于嘴部里面的结构，雕刻动作要少一些，并通过不同的视角进行观察，更加细致地雕刻嘴部。如果对整体形态的刷新速度很慢，可以按 1 键回到粗糙模式以加快刷新速度。如图 7-20 所示，将面部的基本结构雕刻出来。

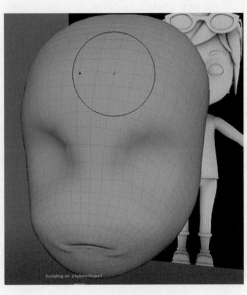

图 7-19　形成眼窝的形状

步骤 3：在侧视图中，对当前结构特征进行观察。对于细小部分的转折，在当前的模型网格中，已经不能够进行雕刻操作。对模型再次进行划分，打开网格（Mesh）菜单，单击光滑（Smooth）菜单命令。这样更加有利于模型的塑造。在当前状态再次进行雕刻，按 B 键扩大影响范围，配合光滑工具以优化模型，将鼻子的侧翼雕刻出来。这里要更加注意细小结构的绘制过程。在鼻子下端，按住 Ctrl 键将光滑工具往里推，形成鼻孔的形态，如图 7-21 所示。对当前形态进行多角度观察并适当修改。

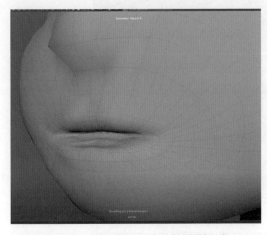

图 7-20　将面部的基本结构雕刻出来

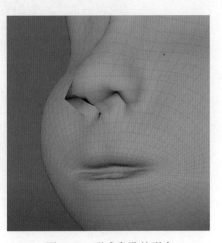

图 7-21　形成鼻孔的形态

步骤 4：对嘴部结构进行更好的塑造。通过拖曳工具对嘴部进行拖曳，增大雕刻笔刷操作范围，这样可以影响更多的点以保持嘴部结构特征，如图 7-22 所示。对当前结构进行调节，按住 Shift 键进行光滑操作。切换到标准雕刻操作，如图 7-23 所示。利用拖曳工具调节点，如图 7-24 所示。这样基本完成嘴部结构的塑造。在侧视图中，打开软选择模式，进入点模式来大面积地调节嘴部形态，如图 7-25 所示。适当扩大对嘴部的调节范围，如图 7-26 所示。

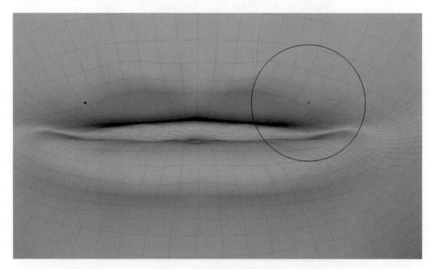

图 7-22　嘴部结构的塑造

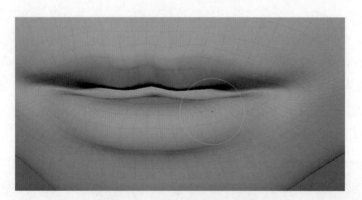

图 7-23　切换到标准雕刻操作

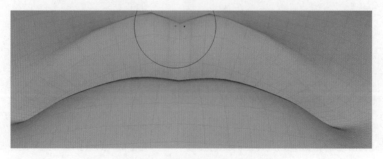

图 7-24　利用拖曳工具调节点

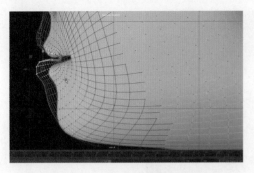

图 7-25　大面积调节嘴部形态

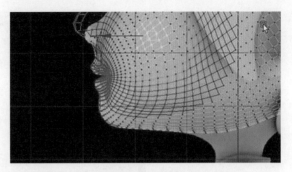

图 7-26　适当扩大对嘴部的调节范围

步骤 5：对嘴部侧面结构的塑造基本完成，下面通过雕刻笔刷的光滑操作，对眼窝进行塑造。双击光滑工具图标按钮，将雕刻笔刷光滑的力度提高，接着对脸颊与嘴部的衔接处进行光滑操作。删除模型历史，打开编辑（Edit）菜单，选择按类型删除（Delete by Type）菜单→历史（History）菜单命令，如图 7-27 所示。再次通过光滑工具进行光滑操作，通过此方式雕刻整个脸部形态，如图 7-28 所示。

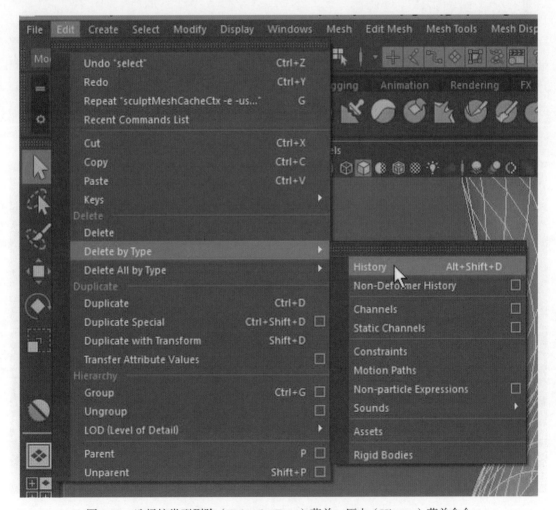

图 7-27　选择按类型删除（Delete by Type）菜单→历史（History）菜单命令

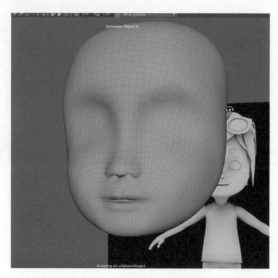

图 7-28　雕刻整个脸部形态

7.2.3　绘制拓扑连接线路

步骤 1：打开创建（Create）菜单，单击自由平面（Free Image Plane）菜单命令，再单击属性面板中的文件夹图标导入如图 7-29 所示文件。这样为规划模型的线路提供帮助。打开网格工具（Mesh Tools）菜单，单击四边形绘制（Quad Draw）菜单命令，如图 7-30 所示，进行拓扑重建。在重建的过程中，一边观察肌肉形态，一边参考网格。如图 7-31 所示，通过激活工具激活模型。

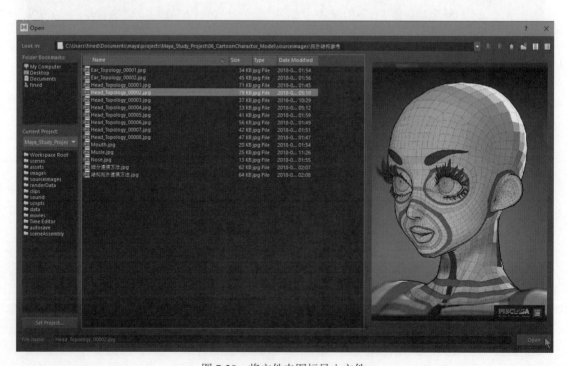

图 7-29　将文件夹图标导入文件

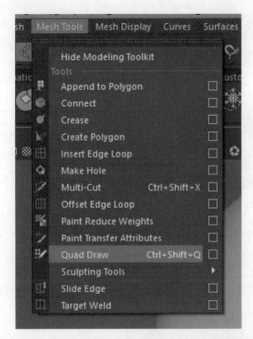

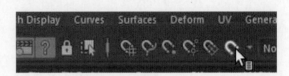

图 7-30　单击四边形绘制（Quad Draw）菜单命令　　　　　图 7-31　激活工具

步骤 2：将拓扑结构线路绘制出来。接着利用四边形绘制（Quad Draw）菜单命令，对眼眶部位进行操作，打开对称轴 X，绘制并调整如图 7-32 所示的点，根据当前形态来布局线路。按住 Shift 键，在出现的网格平面上单击，依次调整结构特征，再继续调节点以调整形态，如图 7-33 所示。

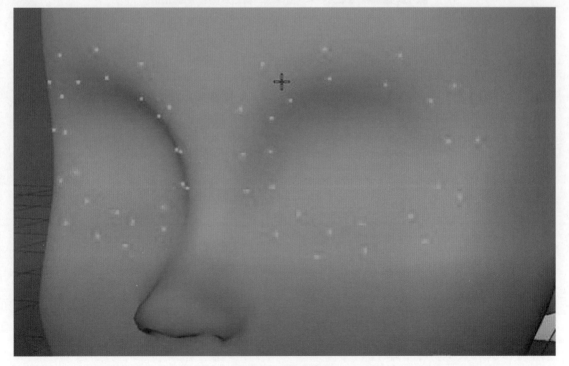

图 7-32　布局线路

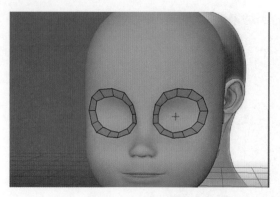

图 7-33　调整形态

步骤 3：绘制从额头到鼻梁的循环线路。适当拖动鼠标，当出现黄色点时释放鼠标，这时点在中心位置，可以依靠模型本身的形态进行绘制。在中心位置处单击，按住 Shift 键，依次选择四边，进行线路的绘制，如图 7-34 所示。

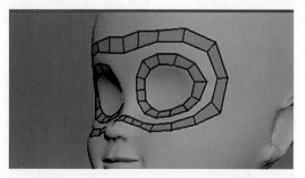

图 7-34　绘制从额头到鼻梁的循环线路

步骤 4：绘制鼻梁到下颌的连接线路。观察线路，在衔接处有一个五星区域，在方向上代表眼睛向眼睛部位的连接线路、眼睛部分与下颌的连接线路、下颌与脸颊的连接线路，以及脸颊到嘴部的连接线路。因此，在绘制时，要考虑五星区域的连接线路，然后按 Shift 键来调节结构，如图 7-35 所示。

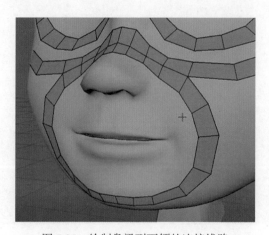

图 7-35　绘制鼻梁到下颌的连接线路

步骤 5：绘制从鼻翼侧方到嘴唇下部的连接线路。考虑实际操作要为鼻子留出空白区域，此条线路的宽度设置得适当窄一点，然后再进行绘制。接下来可以适当调整视图角度，在初始阶段放少量的点，绘制点时依赖结构特征，尽量均匀操作。然后继续绘制外侧点，进行成面操作，对线条形态进行调整，如图 7-36 所示。

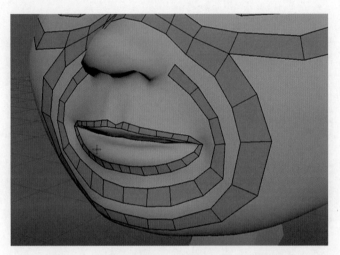

图 7-36 绘制从鼻翼侧方到嘴唇下部的连接线路

步骤 6：构建眼睛内框和鼻子。在构建眼睛内框时，对照参考图制作点，再对点进行成面，然后把面构建出来。首先在鼻子孔洞部位绘制点，这个部位基本上垂直于脸部。再对照参考图绘制一个扇形，一边观察，一边适当调节绘制点成面，使鼻子与嘴部形成包裹，如图 7-37 所示。继续绘制点，重新规划线路。按住 Ctrl 键可以进行加线操作。面的一部分沿鼻梁走向，另一部分沿眼睛区域走向，把五星区域标记出来。接下来依次构造出结构面，必须在其他结构上适度划分。按 Ctrl 键加线，再按 Shift 键进行划分，通过多余的点可以构

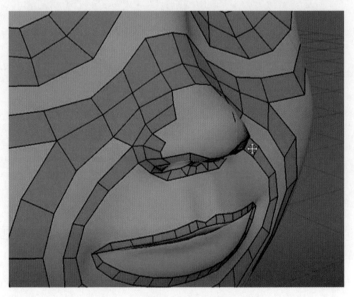

图 7-37 使鼻子与嘴部形成包裹

造出结构面，然后删除当前的结构面，重新构造结构面。完成的结构面如图 7-38 所示。对连接部分进行重新划分，必须对右侧鼻翼进行绘制，删除结构面，重新加点绘制，并进行加线操作。按住 Shift 键，在出现 Relax 菜单命令时，可以对点进行均化操作，至此鼻子就绘制好了，如图 7-39 所示。其他部位也依据同样的方式逐步向整体进行推进，这个就是建模最关键的地方。

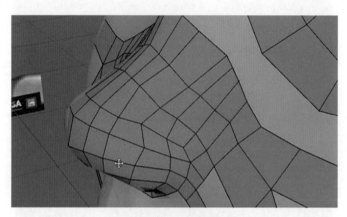

图 7-38　完成的结构面

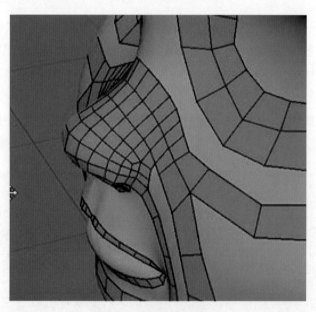

图 7-39　鼻子绘制好了

7.2.4　头部建模总结

在当前场景中，依赖拓扑结构的方式，根据可以参考到的模型线路把头部整个形态建模出来。建模后再对头部进行调整，此时可以运用雕刻工具。

对鼻子、眼部、嘴部的细节部位的操作一定要以点的形式来进行。最重要的是眼框和眼球部位的匹配操作。我们可以先创建球体作为眼球，定位参考位置，再调整眼眶部位的轮廓，对眼眶进行合理的构建。对于卡通角色的耳部，没有严格按照拓扑方式构建。在进行写实模型的构建时，一定要用拓扑方式进行合理的建模。当前卡通角色的眉毛是用实体方式构建的，在写实中要结合纹理绘制的方式来进行构建。当前角色的眼睫毛同样是用实体方式构建的。

　　嘴部构建好以后，通过挤压方式来进行口腔和鼻腔的扩展，眼睛内部结构同样进行了相应扩展，从而构建出内部眼眶部分。眼球部分采用了两个球体，眼珠的模型及瞳孔的模型都是球体。当前的瞳孔部分结构一定要合理，比眼珠部分略微有点凸起，不宜过大。这就是整个头部建模需要注意的地方。

7.3　躯干建模

　　步骤 1：创建一个柱体，在属性面板中，将轴向细分数（Subdivisions Axis）设置为 16，高度细分数（Subdivisions Height）设置为 7，如图 7-40 所示。右击，进入面（Face）组件，将柱体上下两个端面删除，然后在透视图中进行观察。切换到前视图，打开线框模式，右击，进入顶点（Vertex）组件，进行逐级处理。框选脖子处的点并进行缩放处理，接着对肩膀处的点进行调整，如图 7-41 所示。在侧视图中，调整这些点的位置来构建躯干形态，这样就快速地定义好躯干，这时候躯干的弯曲度依赖于脊椎形态。虽然是卡通角色，但在结构上要遵循生理特征，完成躯干的定义，如图 7-42 所示。

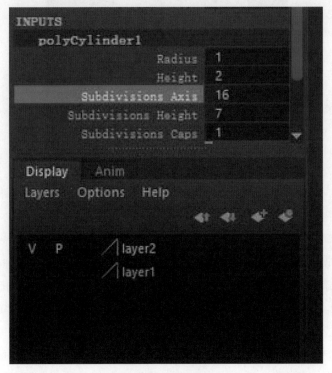

图 7-40　参数设置

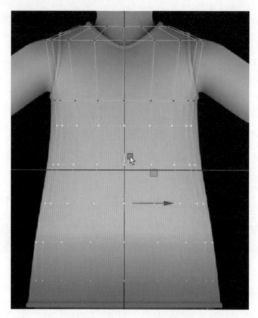

图 7-41　调整脖子处和肩膀处的点

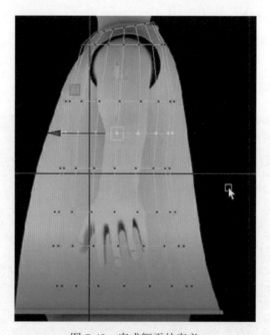

图 7-42　完成躯干的定义

　　步骤 2：打开网格工具（Mesh Tools）菜单，单击插入循环边（Insert Edge Loop）菜单命令，在平均位置插入一条线。右击，进入面（Face）组件，找到手臂衔接的面，如图 7-43 所示。打开对称轴 Y，通过选择编辑网格（Edit Mesh）→圆形圆角（Circularize）菜单命令，适当地调整该面大小以作为截面。对模型重新进行画线操作，选择如图 7-44 所示的多切割工具进行画线，来构建肩部特征及衔接部分的特征。对肩部继续进行画线操作，如图 7-45 所示。保持上下结构的线路一致，右击，进入边组件，将其他三角面的对角边删除，让此部分的结构线路朝手臂方向延展。对形成的五边面再次进行画线操作，并删除对角边，得到合理的肩部结构线路，再进行延伸操作。

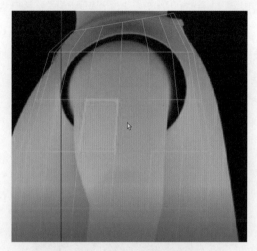

图 7-43　找到手臂衔接的面

图 7-44　多切割工具

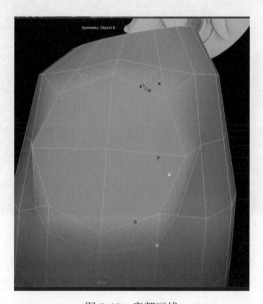

图 7-45　肩部画线

步骤 3：切换到面，选择圆角化的面，再次执行编辑网格（Edit Mesh）→圆形圆角（Circularize）菜单命令。在侧视图中，对面的方向进行调整以保持水平，如图 7-46 所示。针对这个面进行挤压操作以得到手臂的形态。执行编辑网格（Edit Mesh）→挤压（Extrude）菜单命令，通过移动工具进行直接拉伸操作，得到如图 7-47 所示效果。然后对旋转位置进行适当的缩放。注意：手臂与手腕的衔接处不是完全的圆柱形，通过两侧视图，再对该衔接处进行缩放。

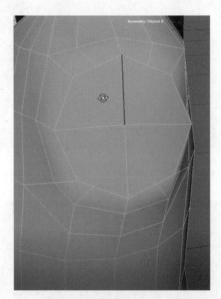

图 7-46　调整面的方向

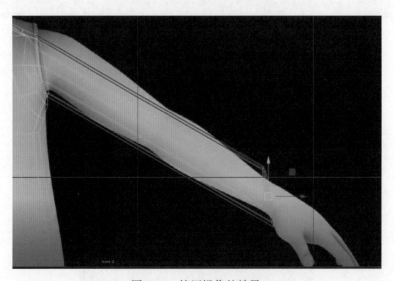

图 7-47　挤压操作的效果

步骤 4：通过画线方式来构造出整个手臂形态。首先找到肘部，单击边循环工具图标按钮，通过旋转方式来调节肘部，如图 7-48 所示。然后在肘部插入适当的线路，并对肘部线路进行调节，如图 7-49 所示，从而突出手臂特征。

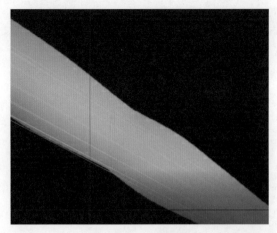

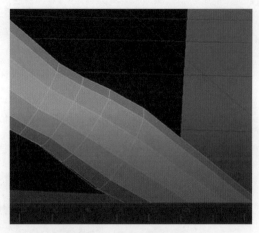

图 7-48　调节肘部　　　　　　　　　　　　　图 7-49　调节肘部线路

步骤 5：继续调节上臂形态，在上臂中插入线条并进行调节。再对照参考图，向前移动上臂以显示出肌肉效果，肩部适当向前，然后通过插入循环边的方式对其进行固化。按 3 键进入光滑模式进行观察，这时手臂前段手腕的面可以被删除，身体的结构线条可以通过雕刻工具进行光滑操作。可以对躯干的形态进行适当的调整，然后对颈部位置进行整体挤压，通过挤压工具使颈部与头部在衔接处保持适当距离。最后回到物体模式对其进行光滑操作，合理构造锁骨。这就是躯干建模的基本方式。

步骤 6：打开文件（File）菜单，单击场景另存为（Save Scene As）菜单命令，将文件命名为 02_quganjianmo.mb，单击 Save As 按钮，如图 7-50 所示。

图 7-50　保存文件

7.4 手部建模

步骤 1：创建一个立方体，将其缩小到手掌的大小。打开网格工具（Mesh Tools），单击插入循环边（Insert Edge Loop）菜单命令，构建小拇指、无名指及中指到食指的位置。然后沿纵向划分出适当的网格来构建大拇指的位置。在中心位置为了构建结构而插入线条，然后进入面（Face）组件，通过点的操作方式，将立方体调整为手掌的形态，如图 7-51 所示。

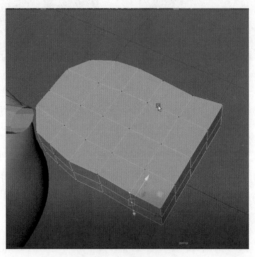

图 7-51　手掌的形态

步骤 2：执行插入循环边（Insert Edge Loop）菜单命令，进入面（Face）组件，对当前中指部位的面进行挤压操作，然后拖到合适长度，并进行适当的缩放，如图 7-52 所示。对其他手指部位的面依次进行挤压操作，根据生理结构拖到合适长度。对大拇指部位的面进行挤压操作后，还要进行旋转操作，然后继续挤压操作，适当调节大拇指与其他手指的距离和角度，再次进行挤压操作，调节大拇指大小，形成如图 7-53 所示的手掌。

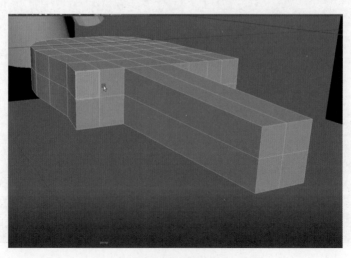

图 7-52　对中指部位的面进行操作

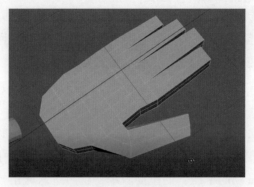

图 7-53 形成的手掌

　　步骤 3：进行关节的划分。执行插入循环边（Insert Edge Loop）菜单命令，在手指的关节及衔接位置插入循环边，在手指根部插入边，然后对其进行缩放并调节形态。再次在手掌的截面插入循环边以巩固手掌形态，如图 7-54 所示。接下来用雕刻工具对整个手掌形态进行适当的绘制，并按住 Shift 键对其进行光滑操作。可以对手的背部进行适当的调整，边缘部分及大拇指的位置可以通过光滑操作来调节形态，对其他的手指部位也要进行光滑操作。这时要适当控制光滑程度，对手指的背部、指腹、指尖进行光滑程度的调整。如图 7-55 所示，完成手指的光滑操作。

图 7-54 巩固手掌形态

图 7-55 完成手指的光滑操作

Maya 建模项目教程

步骤 4：构建指甲结构。以中指为例，线条如果不够的话，可以通过插入循环边的方式对指甲前方的形态进行适当的调节。对于刚才进行光滑处理的手指部分，在点的模式下，通过缩放将其恢复到比较标准的形态，这样有利于后期建立标准的手指。然后创建指甲结构，把它调节成指甲的式样，两侧进行缩放处理后再移动，如图 7-56 所示。接下来进行指甲的建模，切换到面，选择如图 7-56 所示的面，执行挤压操作，切换到整体的中心坐标进行缩放，把挤压出的面向下压，然后再次挤压操作，按 G 键把面提出来，选择挤压出的前方的两个面，再次挤压操作，切换到整体，这个时候可以控制指甲的长短，如图 7-57 所示。对于刚才挤压过的结构可以向下压，向里面收缩，这时进入光滑模式可以看到挤压出的指甲形态，如图 7-58 所示。最后可以通过调点的方式构造出指甲最好的形态。这就是指甲的建模方式，大家可以根据自己的观察对指甲进行合理的调节，包括对指甲的厚度、弯曲度、长度的调节，也可以参考中指的模型形态对指甲进行调节，还可以根据其他关节的划分增加线路对指甲进行调节。

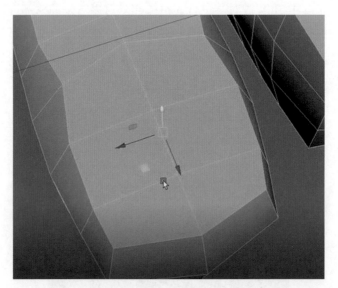

图 7-56　指甲结构

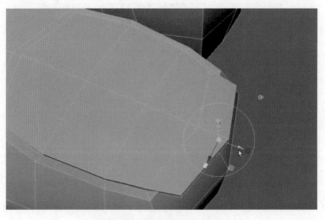

图 7-57　控制指甲的长短

190

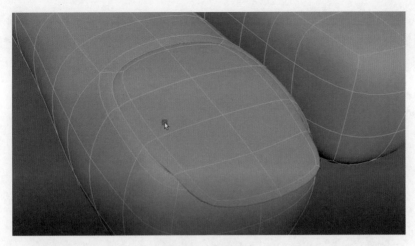

图 7-58　指甲形态

7.5　服装建模

　　针对当前角色服装，可以通过复制躯干模型来制作模型，也可以通过创建圆柱体来制作服装模型，两者的方法是一致的。下面介绍通过复制躯干模型来制作当前角色服装模型。

　　步骤 1：选择躯干模型，打开对称轴 X，右击，进入面（Face）组件，选中躯干上面的面及下面的面。然后执行编辑网格（Edit Mesh）→复制面（Duplicate Face）菜单命令。在打开的 Duplicate Face Options 界面中，勾选分离复制面（Separate duplicated faces）前的方框，适当地调整 Offset 栏中的数值，单击 Apply 按钮，如图 7-59 所示。这时，面是朝里的，如果向外拖动面，就可以快速地构建角色的上衣形态，再将它调到合适的位置。

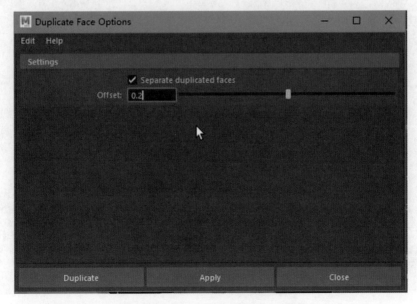

图 7-59　Duplicate Face Options 界面

步骤 2：对当前上衣形态进行适度的调整。右击，进入边（Edge）组件，再双击，选择肩部袖口位置的大小，以及整个面的宽度、长度。进入点的方式来调整上衣形态，如图 7-60 所示。对于领口部分的造型，可以调节成参考原模型样式。

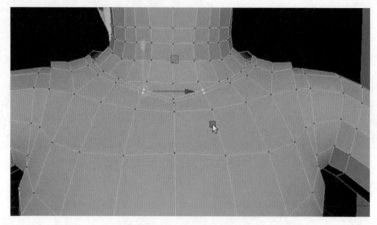

图 7-60　上衣形态的调整

步骤 3：做出边缘部分的结构。在 Tool Settings 界面中，选中 Equal distance from edge 单选按钮，如图 7-61 所示，再单击关闭图标按钮。然后进入面（Face）组件，进行挤压操作，挤压出适度的厚度，再把里面部分的边向里推动挤压，推动距离要适中。切换到整体，进行适度的缩放，这样就可以快速构建出边缘效果，如图 7-62 所示。如果过渡不自然，可以通过加边加线的方式插入边循环，对线路进行巩固。通过边缘部分加入缝线效果，上衣就被制作完成了。

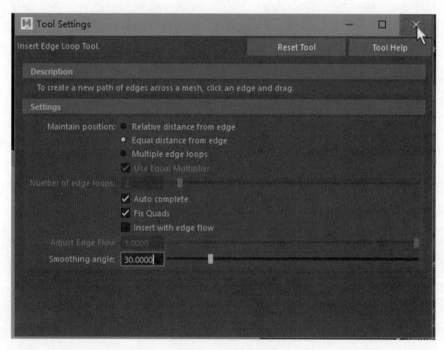

图 7-61　参数设置

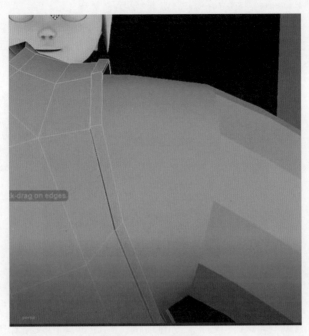

图 7-62　边缘效果

步骤 4：创建裤子模型。当前的裤子模型决定了下体的结构，因此在建模时要考虑到角色躯干的造型。可以通过圆柱体构造一条腿的造型开始建模，如图 7-63 所示。将当前的轴向细分数设置为 16，再进行适度匹配。然后在膝盖处插入线条，调节当前线条的大小，再在上边部分找到边缘线并进行调节。当前圆柱的面就是膝盖的面，没有被删除，如图 7-64 所示。删除膝盖的面，这时在腹股沟位置形成一个斜面，这是腹部与大腿的衔接位置。通过插入线条来缩放大腿，然后在侧面调节大腿结构。腿部在建模时可以保持一些弯曲度，这样有利于后期进行骨骼设置，如图 7-65 所示，然后适当地给面增加段数。

图 7-63　腿的造型

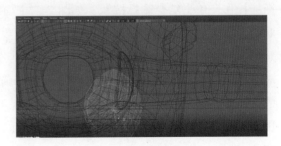

图 7-64　膝盖的面

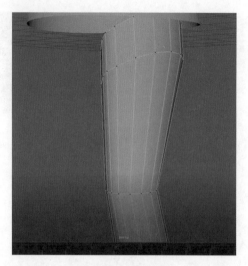

图 7-65　骨骼设置

步骤 5：再次创建圆柱体，构建腹部及臀部的结构。先删除圆柱体两端的结构面，适当调节其形态。然后打开对称轴 X，找到一侧的结构，与腿部结构线路相配合，插入适度的网格划分线路，调节其形态。对裆部也要适度地进行调整，如图 7-66 所示。选择边进行桥接操作，划分好段数，选择相应的点来进行裆部特征的构造与连接。

图 7-66　裆部的调整

步骤 6：对当前模型与腿部进行衔接。关闭对称轴，删除左边的模型，通过物体模式进行合并操作。如果不利于观察，可以通过创建层，隐藏衣服及躯干模型。这时就可以进行衔接操作，单击结合图标按钮，如图 7-67 所示，选择手动焊接边的方式对必要的线路进行对接。如果有一些地方不容易进行操作，就要更改线路，一部分线路向身体的上部及腹部延伸，另一部分线路向裆部进行延伸，通过切割方式进行衔接操作，把多余的结构边删除。对于后面的点同理，在线路的方向上面要与前面有所区别，规划好以后，通过插入边循环的方式来构建当前的模型。通过四边形绘制工具，对三角形手动分割，把多余的面删除。再重新构造结构，手动分割结构线路。裆部的衔接如图 7-68 所示。腿部与裆部的衔接如图 7-69 所示。

图 7-67　单击结合图标按钮

图 7-68　裆部的衔接

图 7-69　腿部与裆部的衔接

步骤 7：在臀部及大腿衔接处插入循环边，进行镜像操作。执行网格（Mesh）→镜像（Mirror）菜单命令。在打开的 Mirror Options 界面选择对称轴 X 的负方向，单击 Apply 按钮，如图 7-70 所示。镜像后观察点的合并情况，如果没有问题，可以通过雕刻工具来雕刻整个臀部、大腿衔接处和大腿形态。这时如果发现雕刻的方向发生错误，就要删除历史，执行编辑（Edit）→删除的种类（Delete by Type）→历史（History）菜单命令，以删除历史，然后重新雕刻。对于裤子边缘的创建与上衣的一致。

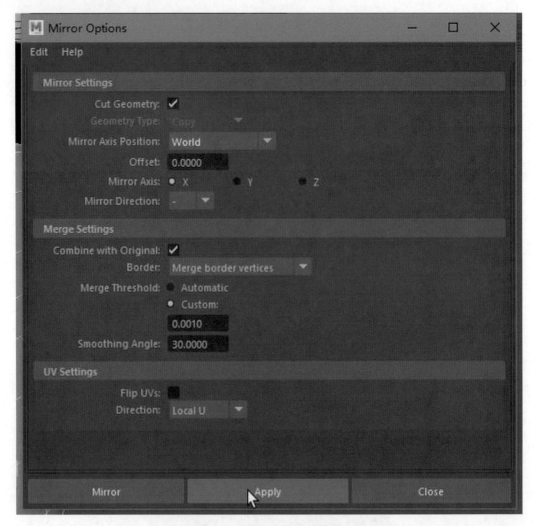

图 7-70 Mirror Options 界面

7.6 鞋子建模

步骤 1：参考模型，建立一个立方体，将其放到参考位置进行调节，再进行合理的划分，关闭对称轴。首先通过插入循环边的方式，插入线条，如图 7-71 所示。接着构造当前鞋子的侧面结构。对侧面结构的前面部分可以手动插入中线位置，然后调节侧面结构的形态，如图 7-72 所示。接着插入循环边的侧面形态，对其进行缩放调节。这时要把侧面结构的两端变成圆形结构。如果有物体遮挡，可以把该物体放进新的图层中，进行隐藏。

步骤 2：右击，进入顶点（Vertex）组件，选择如图 7-73 所示的点来构造圆形结构。选择对角上的点，进行移动，这样，鞋子的前面轮廓就是圆形结构。对鞋子两侧的结构适当进行调整，形成拱形的结构特征；将后面部分调整为圆弧结构。鞋子的轮廓特征如图 7-74 所示。使鞋子的后面轮廓适当变窄，中间部分变得更窄一些，以符合足部形态特征。大拇指内侧可以适当地向外，就更符合足部形态特征，如图 7-75 所示。因为是卡通造型效果，可以适当地夸大形态特征。

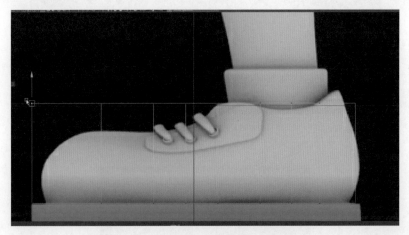

图 7-71　插入线条

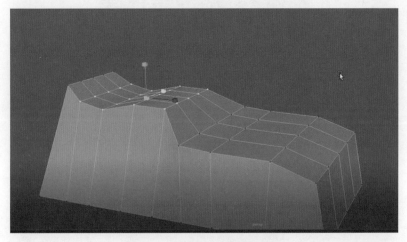

图 7-72　调节侧面结构的形态

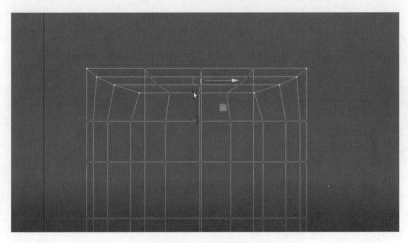

图 7-73　所选择的点

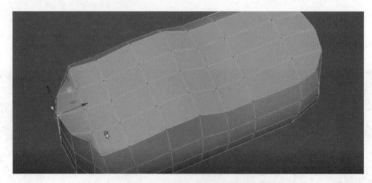

图 7-74 鞋子的轮廓特征

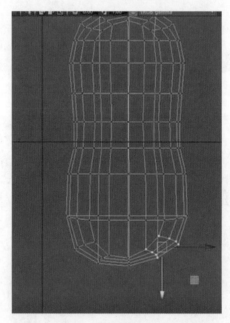

图 7-75 足部形态特征

步骤 3：右击，进入面（Face）组件，选择如图 7-76 所示的面，构建鞋子里面的结构。首先进行挤压操作，然后拉出厚度，再次进行挤压操作。切换到整体，拉出深度，适当放大，再次进行挤压操作。如果在挤压操作中出现错误，如图 7-77 所示，最好撤销该操作，重新进行挤压操作，挤压到一定深度就可以了。其他部分按参考图的结构进行构建。

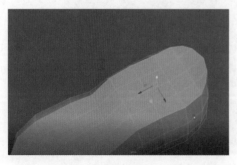

图 7-76 所选择的面 1

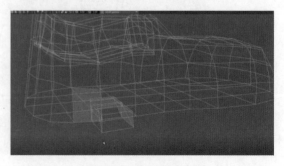

图 7-77 挤压错误示例

198

步骤 4：在鞋子底部插入边循环，右击，进入面（Face）组件，框选面，按住 Ctrl 键剔除其他的面，整体适量缩放。然后对鞋子的底部进行挤压操作，整体向外扩。然后再次进行挤压操作，挤出厚度，再通过增加线条的方式巩固造型，如图 7-78 所示。按 3 键进入光滑模式，以查看鞋子的具体形态。可以通过移动结构特征的点来获得鞋子跟部的效果。

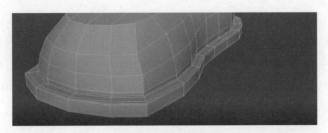

图 7-78　巩固造型

步骤 5：建立鞋帮效果。首先在侧面图中，对点进行划分并适当平移，插入循环边，增加线路。切换到顶点模式，对鞋面上的点进行向内缩放。回到面的模式，选择如图 7-79 所示的面，进行厚度的挤压操作。然后通过增加线条的方式巩固造型，鞋帮效果如图 7-80 所示。

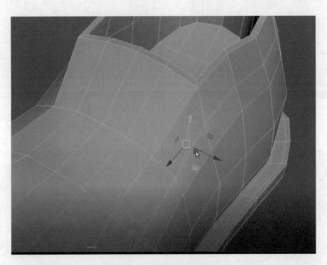

图 7-79　所选择的面 2

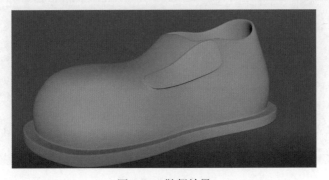

图 7-80　鞋帮效果

7.7 发型、发饰建模

步骤 1：发型主要通过立方体来进行构建。首先根据参考图，找到发型形态特征，对立方体进行光滑操作，把它移动到合适位置来定位发梢部位，移动以后要对发梢进行旋转，使发梢朝向对的位置，然后通过插入边的方式增加控制线段，适当旋转，合理选择点以形成截面形态，如图 7-81 所示，再增加线路来调节。通过雕刻工具对头发造型进行雕刻，将雕刻笔刷调整得大一点，通过拖曳方式雕刻头发造型，如图 7-82 所示。然后可以复制当前头发造型，把它放置到合适位置，进行旋转操作，对于发梢处适度向外，这样有种动感，如图 7-83 所示。

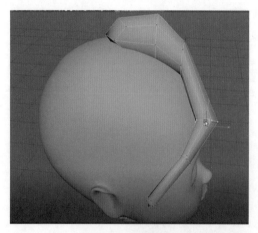

图 7-81　发型构建

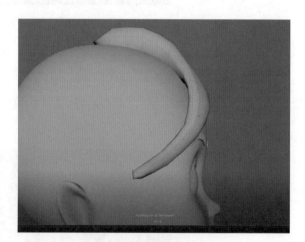

图 7-82　雕刻头发造型

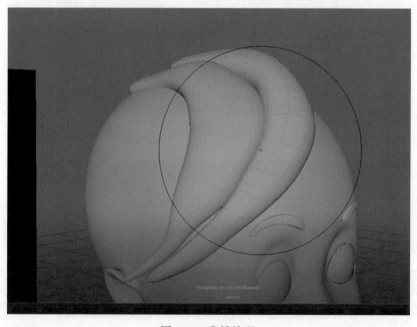

图 7-83　发梢处理

步骤 2：眼镜的制作。打开创建（Create）菜单，选择多边形基本几何体，单击管道（Pipe）菜单命令创建眼镜。在起始阶段调整好眼镜相应的大小，在属性面板中调整厚度，如图 7-84 所示。根据参考造型来调节眼镜的形状，然后对其进行合理的缩放，对于眼镜外边缘部分可以适量放大一点。复制当前造型，调整两个造型的距离，如图 7-85 所示。选中这两个造型，执行网格（Mesh）→结合（Combine）菜单命令，再执行编辑（Edit）→删除类型（Delete by Type）→历史（History）菜单命令。然后选择相应的面，进行桥接操作。执行编辑网格（Edit Mesh）→桥接（Bridge）菜单命令，调节好段数，对中间的形态进行缩放。桥接操作的效果如图 7-86 所示。

步骤 3：发饰的制作。先创建一个立方体，然后进行光滑操作，调节其形态。如果发饰制作成花瓣的形态，则这个立方体的一边适当大一些，另一边适当小一些，中间向下压，底部下拉一点，然后回到光滑模式进行调节，制作出花瓣造型，如图 7-87 所示。按 D 键把花瓣造型放置到合适地方，执行编辑（Edit）→特殊复制（Duplicate with Transform）菜单命令，在打开的 Duplicat Special Options 界面中，按图 7-88 所示进行设置。如果复制过程中出现了错误，就要进行冻结操作，使参数全部清 0。再创建一个球体作为花瓣的中心位置，通过手动对齐，按 3 键在适当的位置进行挤压操作，压扁当前球体，放置在中心位置。发饰的效果如图 7-89 所示。

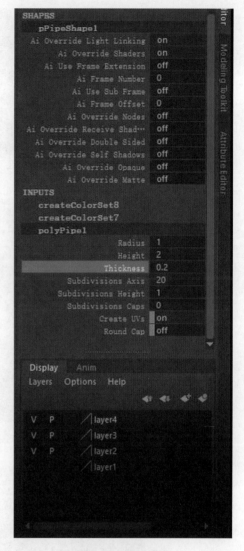

图 7-84 调整厚度

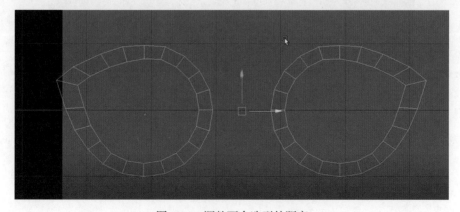

图 7-85 调整两个造型的距离

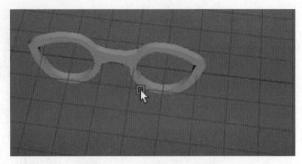

图 7-86 桥接操作的效果

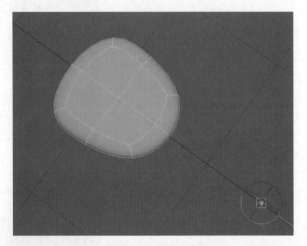

图 7-87 花瓣造型

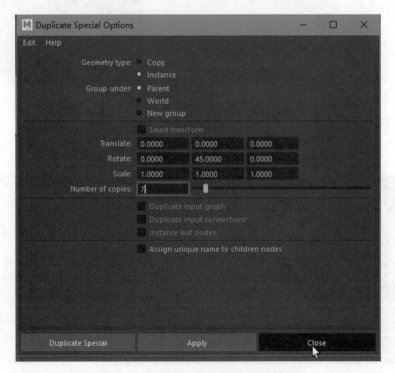

图 7-88 Duplicate Special Options 界面

图 7-89　发饰的效果

第 *8* 章

室内场景建模

关键知识点

- 室内场景建模流程分析
- 墙体结构建模
- 沙发建模
- 灯具建模
- 书籍建模与场景整合

8.1 室内场景建模流程分析

通过进行室内场景建模，可以锻炼各种物体的建模能力和对于整体场景的把控能力。这种把控能力主要体现在以下几个方面。

（1）对于整体风格的把握。例如，在制作动画片、动画电影等时，若场景已经由美工人员进行了相应的设计，就可以依据设计图样直接进行模型构建；如果独立制作一个场景，可以勾勒出大致的想法，再通过网络收集优秀的设计作品，从中找到可以借鉴的风格。风格的选择是非常重要的。一定要在物体造型上注意风格统一性。风格决定了整个场景的一致性。

（2）对于各种物体造型合理性的把握。物体尽量按照现实生活中的样子进行建模。例如，在窗户有接缝的地方，就不能够进行一体建模，而要独立地进行建模。这就是在造型时需要注意的合理性，该有接缝的地方要有接缝，该有褶皱的地方尽量把物体的褶皱感表现出来。

（3）对于物体构建比例的把握。通常，要分门别类地进行建模，即一般不会在一个场景或一个文件里对所有的物体进行建模。因此，物体的比例要在视觉上自然真实，这样才会让整个画面看起来协调、有说服力。

（4）对于建模次序的把握。要对建模的物体先进行分门别类，再依次序进行建模，从而养成好的制作习惯。因此，在建模之前要规划和分析场景，以便分门别类地制作各种物体。例如，对沙发进行建模，要考虑沙发匹配其他物体的比例，也可以把相应的这些物体构建在一起来统一协调比例关系。建立好整个建模的次序，这样在后续操作过程中会更加顺利。

8.2　墙体结构建模

在对当前场景进行建模时，要对场景中的物体进行分类。首先是对墙壁、门、窗进行建模，其次是对室内物体进行建模，如单人沙发及茶几、三人沙发组合、装饰画、侧边柜、书柜、装饰物、书籍的建模。可以参照生活中的实际模型，并考虑场景物体的多样性及数量，针对物体特征进行建模。

步骤 1：执行文件（File）→打开场景（Open Scene）菜单命令，单击 Open 按钮。选中模型顶部，执行层（Layers）→创建新层（Create a New Layer）菜单命令，为模型顶部建立显示层。单击 V 按钮，隐藏顶部，如图 8-1 所示。

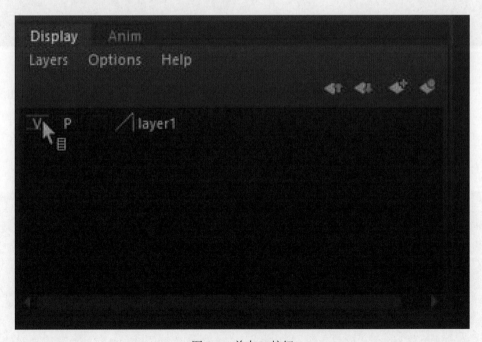

图 8-1　单击 V 按钮

步骤 2：如图 8-2 所示，创建一个立方体，将该立方体移动到合适的位置，以墙体为参照放大该立方体。

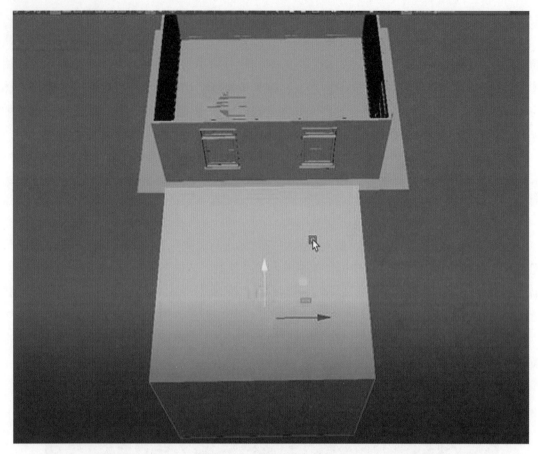

图 8-2　创建一个立方体

进入面（Face）组件，选择顶面和底面，单击挤出图标按钮，进行挤压操作，如图 8-3 所示。在参数栏或通道盒中将偏移值设置为 4，以得到均匀的墙体边缘厚度，如图 8-4 所示。删除选中面，进入边（Edge）组件，双击选择内部顶部和底部的边，执行编辑网格（Edit Mesh）→桥接（Bridge）菜单命令，即可得到有厚度的墙体，如图 8-5 所示。

图 8-3　单击挤出图标按钮

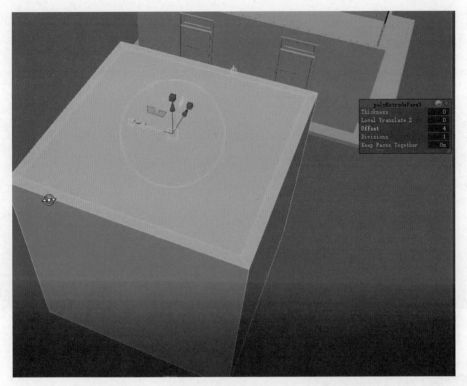

图 8-4　将偏移值设置为 4

图 8-5　有厚度的墙体

步骤 3：创建立方体墙体的踢脚线（在把控立方体比例时，不要直接对立方体缩放，而是通过选择顶点的方式进行拖动以改变立方体形态）。执行网格工具（Mesh Tools）→插入循环边（Insert Edge Loop）菜单命令，在墙体内部插入循环边，如图 8-6 所示。进入面（Face）组件，选中墙体底部四周的面，执行编辑网格（Edit Mesh）→复制（Duplicate）菜单命令，如图 8-7 所示。在打开的属性面板中，单击 Apply 按钮。选中墙体，执行右侧层（Layers）→创建新层（Create a new Layer）菜单命令，为墙体建立显示层。单击 V 按钮，

Maya 建模项目教程

隐藏墙体。进入面（Face）组件，选中踢脚线所在面，通过挤压操作调整局部，挤出踢脚线厚度，如图 8-8 所示。

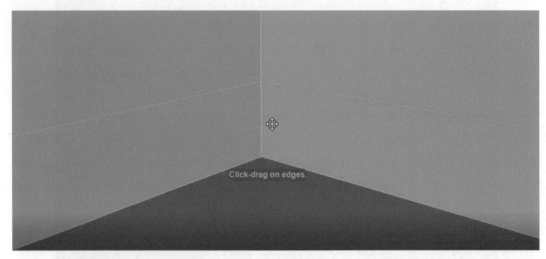

图 8-6　插入循环边

图 8-7　执行编辑网格（Edit Mesh）
复制（Duplicate）菜单命令

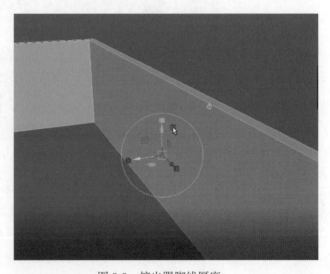

图 8-8　挤出踢脚线厚度

　　步骤 4：进入边（Edge）组件，通过双击选中上端内侧循环边，执行编辑网格（Edit Mesh）→倒角（Bevel）菜单命令。在打开的界面，将分数设置为 0.06，段数设置为 5，对踢脚线进行倒角操作，如图 8-9 所示。在显示层中，再次单击 V 按钮，显示墙体，完成的踢脚线如图 8-10 所示。

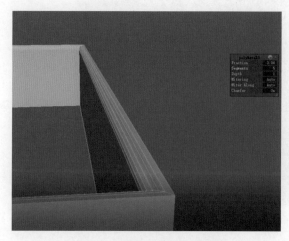
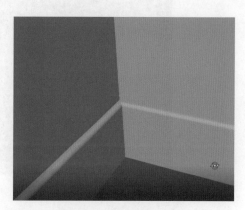

图 8-9　对踢脚线进行倒角操作　　　　　图 8-10　完成的踢脚线

　　步骤 5：选中原来的墙体，执行右侧层（Layers）→创建选定层（Create Layer from Selected）菜单命令，为原来的墙体建立显示层。单击 V 按钮，隐藏墙体。

　　创建一个立方体，调整其相应的厚度并对其进行放大，并在其他视图中与窗户进行匹配，如图 8-11 所示。执行网格工具（Mesh Tools）→插入循环边（Insert Edge Loop）菜单命令。在打开的属性面板中，选中 Multiple edge loops 单选按钮，如图 8-12 所示。进入顶点（Vertex）组件，选择要移动的线的点，如图 8-13 所示，并通过缩放的方式进行匹配，这样就形成对等的边线。再次打开插入循环边的属性面板，进行重置操作，在立方体中插入单个循环边。插入多条循环边的效果如图 8-14 所示。

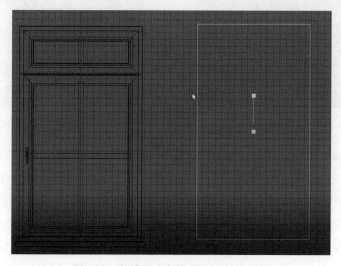

图 8-11　创建一个与窗户匹配的立方体

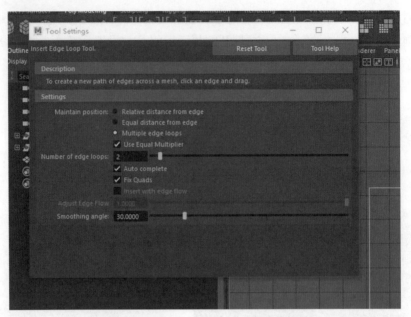

图 8-12　选中 Multiple edge loops 单选按钮

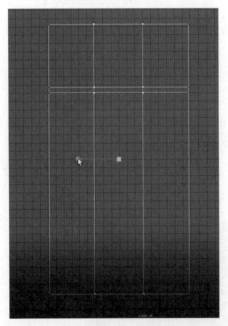

图 8-13　选择要移动的线的点

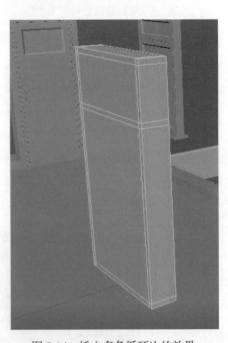

图 8-14　插入多条循环边的效果

步骤 6：进入面（Face）组件，选中如图 8-15 所示的前后两个面。对这两个面进行挤压操作，挤出相应的斜面效果。通过手动拖动缩放方式是无法得到对等边缘的，这就要修改参数。在参数面板中，将厚度设置为 -0.4，偏移值设置为 0.6，如图 8-16 所示。当挤压操作完成后，执行编辑网格（Edit Mesh）→复制（Duplicate）菜单命令，以形成两块面的独立物体。执行层（Layers）→创建新层（Creat a New Layer）菜单命令，为独立物体建立显示层并将其隐藏，删除当前的面。进入边（Edge）组件，通过双击选中删除面形成的边，执行编辑网格（Edit Mesh）→桥接（Bridge）菜单命令，完成如图 8-17 所示的桥接效果。

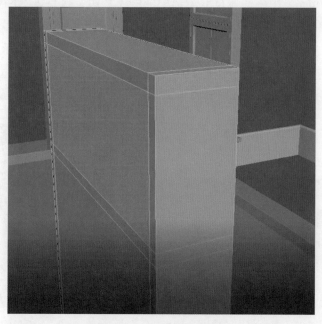

图 8-15 选择前后两个面

图 8-16 修改参数

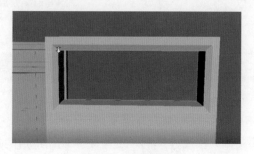

图 8-17 桥接效果

步骤 7：显示复制的两个面，执行网格（Mesh）→结合（Combine）菜单命令，隐藏立方体。进入边（Edge）组件，通过双击选择两物体循环边。执行编辑网格（Edit Mesh）→桥接（Bridge）菜单命令，得到一个完整的盒子物体。进入面（Face）组件，选中之前两个面，再次进行挤压操作，调节参数，偏移值设置为 0.4，形成如图 8-18 所示的效果。删除选中的面，进入边（Edge）组件，通过双击选中两侧循环边，执行编辑网格（Edit Mesh）→桥接（Bridge）菜单命令，选择如图 8-19 所示的四组循环边。执行编辑网格（Edit Mesh）→倒角（Bevel）菜单命令，这样就得到了圆角效果。对于如图 8-20 所示的窗框位置，同样进行倒角操作，这样就得到了有缝隙特征的衔接结构。完成的窗框效果如图 8-21 所示。大家可以利用这种方式对门结构进行建模操作。

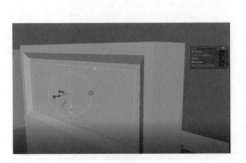

图 8-18　挤压操作的效果

图 8-19　选择四组循环边

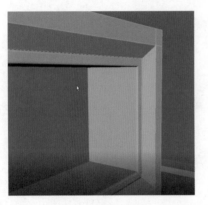

图 8-20　窗框位置

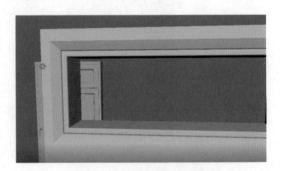

图 8-21　完成的窗框效果

8.3　沙发建模

沙发的面比较多，并且有很多褶皱。在真实建模过程中，必须导出当前的模型，并对它进行雕刻及生成法线的操作。沙发建模的难度主要体现在边角的接缝效果制作上。

步骤 1：创建一个立方体，对其进行放大并拖到合适的位置。再次调整该立方体，使之与场景中沙发对应。选中该立方体，执行网格工具（Mesh Tools）→插入循环边（Insert Edge Loop）菜单命令，插入如图 8-22 所示的循环边。进入面（Face）组件，删除如图 8-23 所示的面。进入边（Edge）组件，通过双击选中一侧上下的边（只选上下的边），执行编辑网格（Edit Mesh）→桥接（Bridge）菜单命令。桥接操作的效果如图 8-24 所示。接着对另一侧进行桥接。

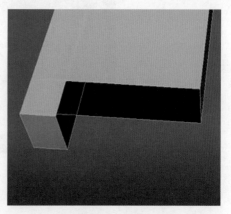

图 8-22　插入循环边　　　　　　　　　图 8-23　删除面

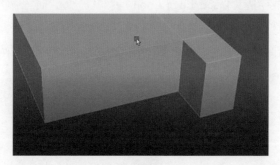

图 8-24　桥接操作的效果

步骤 2：进入边（Edge）组件，执行网格工具（Mesh Tools）→插入循环边（Insert Edge Loop）菜单命令。在打开的右侧通道盒中，将权重设置为 0.5，如图 8-25 所示，使循环边移动到中线位置。再进行两次插入循环边操作，调整权重为 0.5，如图 8-26 所示，使循环边分布均匀。

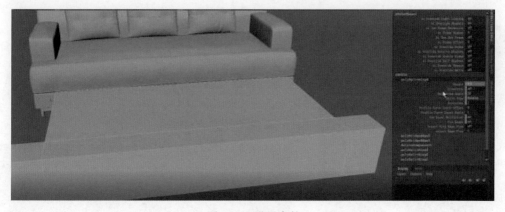

图 8-25　设置参数

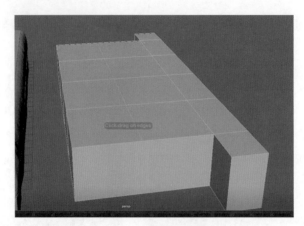

图 8-26　两次插入循环边

　　步骤 3：进入顶点（Vertex）组件，框选顶端中间三列点，进行向上拖动，然后减少向上拖动的两侧两列点，向下拖动中间点，形成如图 8-27 所示的拱形状态。执行网格工具（Mesh Tools）→插入循环边（Insert Edge Loop）菜单命令，插入循环边，如图 8-28 所示。进入顶点（Vertex）组件，选择并移动立方体前侧上端的一排点，如图 8-29 所示，使模型贴合沙发的样式。框选前面两侧中间的两列点，向外缩放，如图 8-30 所示。

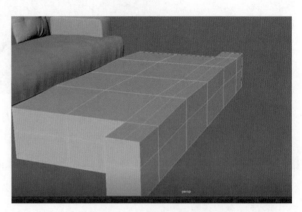

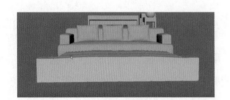

图 8-27　拱形形态

图 8-28　插入循环边

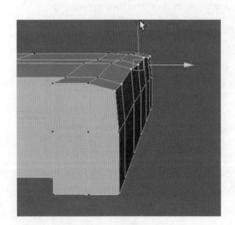

图 8-29　移动前侧点

图 8-30　缩放前面两侧中间的两列点

步骤 4：对接缝进行建模。进入边（Edge）组件，选择如图 8-31 所示的 3 条边。执行编辑网格（Edit Mesh）→倒角（Bevel）菜单命令，在打开的界面手动修改细分数为 0.08。通过双击选择右上角中间的线，按住 Ctrl 键，右击，在弹出的菜单中选择到面（To Face）菜单命令，通过转换选择的方式，选中连续的面。再次选择如图 8-32 所示的两条边，按住 Ctrl 键，右击，在弹出的菜单中选择到面（To Face）菜单命令，得到如图 8-33 所示的面。接着通过挤压方式，调整参数，将厚度调整到 0.04，得到凸起的接缝效果，如图 8-34 所示。

步骤 5：选中模型，执行网格（Mesh）→平滑（Smooth）菜单命令。接着再次对它进行两次平滑操作，得到如图 8-35 所示的效果。在工具架中选择雕刻工具，如图 8-36 所示。以雕刻方式，在表面构建自然的状态，按住 B 键来调节范围大小，按住 M 键来改变雕刻力度。在沙发模型上进行雕刻操作，形成如图 8-37 所示的效果，让模型得到一种比较自然的

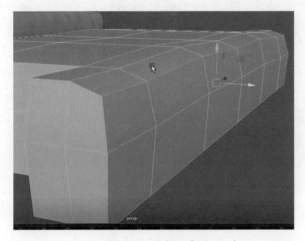

图 8-31　选择 3 条边

图 8-32　选择两条边

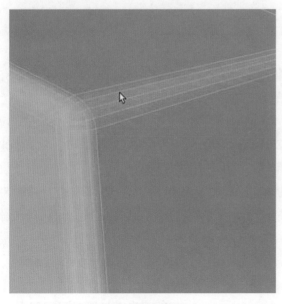

图 8-33　得到的面

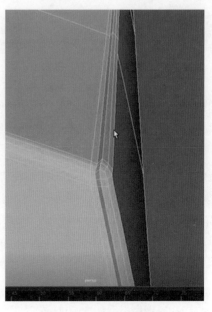

图 8-34　凸起的接缝效果

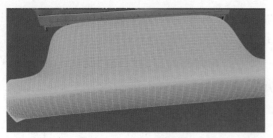

图 8-35　平滑的效果

图 8-36　选择雕刻工具

状态。对于雕刻过度的地方，可以按住 Shift 键进行光滑操作。还可以通过拖动图标按钮，如图 8-38 所示，对模型增加自然程度。这些方式就是创建沙发模型经常使用的操作技巧。

图 8-37　雕刻操作的效果

图 8-38　拖动图标按钮

步骤 6：靠枕的制操。同理，创建一个立方体。在创建边缝结构的过程中，对于它的细分数要设置得小一些，对于它的结构线的位置要进行适量的挤压来得到边缝。

8.4　灯具建模

灯罩的造型具有很多孔洞。这些孔洞具有一定的规律性。不同灯罩的造型经常具有相同的结构。在建模时，可以利用循环复制的方式来进行灯具建模。

步骤 1：执行文件（File）→打开场景（Open Scene）菜单命令，选择文件 08_ZhuangShiWu.mb，单击 Open 按钮。创建一个球体，将其移动到对应的高度，与灯罩进行参照，缩放球体到合适的大小（也可以创建圆柱体并进行调整）。在打开的右侧通道盒中，将轴向细分数与高度细分数减小到 18，以匹配灯罩的结构线路，如图 8-39 所示。选择对称轴 Y，如图 8-40 所示。进入顶点（Vertex）组件，在线框模式下，框选相应的顶点并进行移动和缩放操作，以与灯罩模型进行匹配，得到大致相同的结构特征，如图 8-41 所示。

步骤 2：进入面（Face）组件，打开线框模式，选中模型顶部的面，将其删除，如图 8-42 所示。选择所有的面，进行挤压操作，将厚度调整为 0.1。关闭对称轴 Y，选中如图 8-43 所示的内外两侧的面（注：在挤压时，所有的面是共面的），进行挤压操作，

图 8-39 设置参数

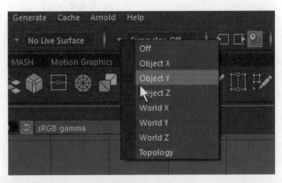

图 8-40 选择对称轴 Y

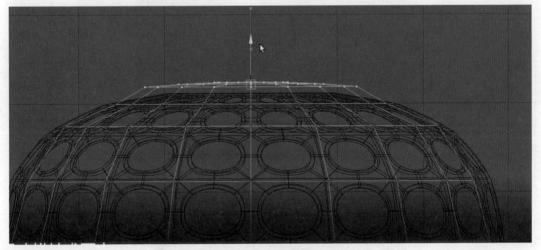

图 8-41 移动和缩放顶点

然后缩放每个面，如图 8-44 所示。当前的面不是处于共面状态的，形成每个面的挤压效果。

步骤 3：删除当前挤压形成的面，进入边（Edge）组件，再选择删除面形成的边，执行编辑网格（Edit Mesh）→桥接（Bridge）菜单命令，以桥接的方式进行连接，依次选择边，按 G 键进行快速的连接。桥接操作的效果如图 8-45 所示。

步骤 4：删除模型其他的面。执行编辑（Edit）→按类型删除（Delete by Type）→历史（History）菜单命令，如图 8-46 所示。接下来执行编辑（Edit）→特殊复制（Duplicate Special）菜单命令，在打开的属性面板中，重新进行设置，确定物体的轴向，设置旋转 Y 轴为 40°，副本数为 8，单击 Apply 按钮，如图 8-47 所示。

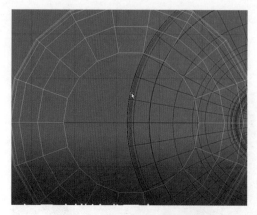

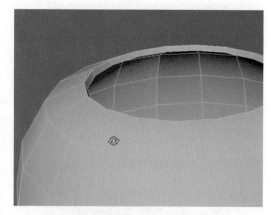

图 8-42　删除模型顶部的面　　　　　　　　　　　　图 8-43　选择内外两侧的面

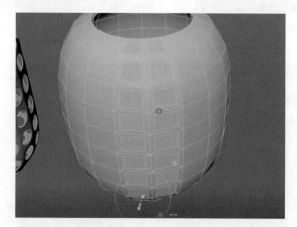

图 8-44　挤压操作的效果

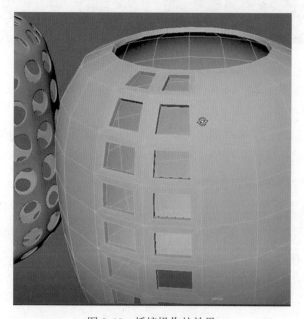

图 8-45　桥接操作的效果

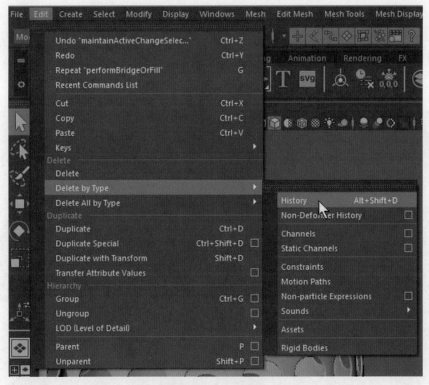

图 8-46　删除历史

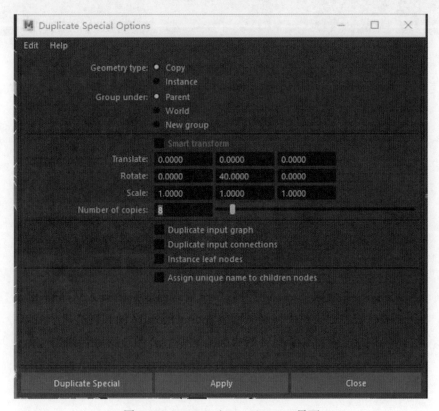

图 8-47　Duplicate Special Options 界面

步骤 5：选中整个模型，执行网格（Mesh）→结合（Combine）菜单命令。进入顶点（Vertex）组件，再执行编辑网格（Edit Mesh）→合并（Merge）菜单命令，在打开的属性面板中，将阈值设置为 0.001，如图 8-48 所示，单击 Apply 按钮。回到对象模式，完成灯罩的建模。灯罩模型的效果如图 8-49 所示。

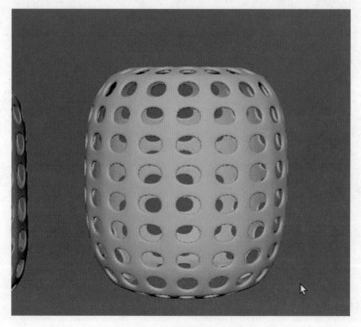

图 8-48　Merge Vertices Options 界面

图 8-49　灯罩模型的效果

8.5 书籍建模与场景整合

书籍的建模主要是对相应的造型进行调整及挤压的过程。

步骤 1：创建一个立方体，调整成书的大小和形态。执行网格工具（Mesh Tools）→插入循环边（Insert Edge Loop）菜单命令（也可以通过连接的方式进行插入），插入循环边，如图 8-50 所示。在打开的右侧通道盒中，将权重设置为 0.5，如图 8-51 所示。接着再次插入两条循环边，修改权重为 0.5。

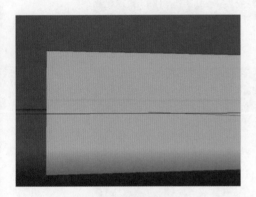

图 8-50 插入循环边

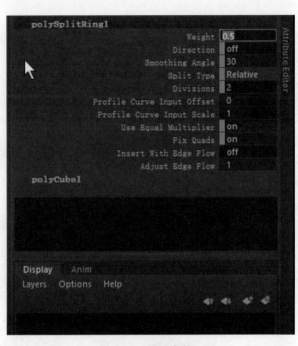

图 8-51 设置参数

步骤 2：在侧视图中，进入顶点（Vertex）组件，选择左侧中间的 3 个顶点，进行移动。减少选择上下两个顶点，保留中间的顶点，再次进行移动。同理，对右侧的顶点进行调节，形成如图 8-52 所示的效果。再次插入循环边，为书侧面添加线。进入面（Face）组件，选中如图 8-53 所示的面。接下来进行挤压操作，在挤压时，要保持面的连续性设置。在面板中找到建模，然后找到"多边形"一项，打开保持面的连接性，然后单击"保存"按钮。在透视图中，进行挤压操作，调整参数，设置厚度为 –0.02，根据书籍参考图，做出内页的效果，如图 8-54 所示。

步骤 3：执行网格工具（Mesh Tools）→插入循环边（Insert Edge Loop）菜单命令，插入循环边，如图 8-55 所示，以对边界效果进行巩固。进入光滑模式，这时可以观察到许多边界的巩固效果不好。重新进入粗糙模式，再次进行插入循环边操作，如图 8-56 所示。这样书籍模型就被创建好了。书籍模型的效果如图 8-57 所示。

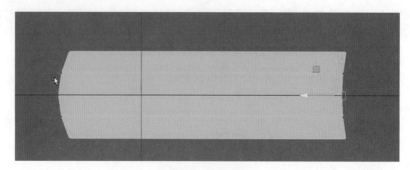

图 8-52　移动顶点

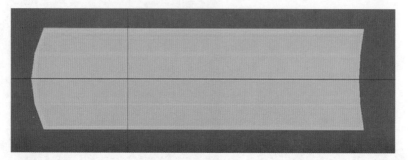

图 8-53　选择面

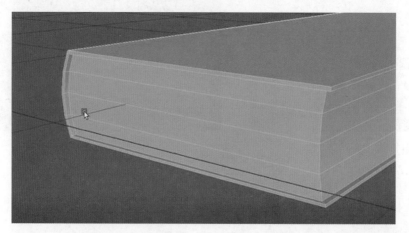

图 8-54　挤出效果

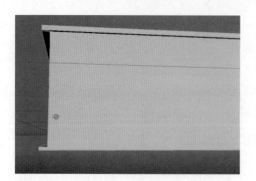

图 8-55　插入循环边

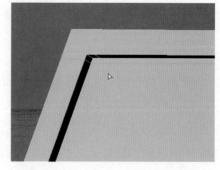

图 8-56　在边界处再次插入循环边

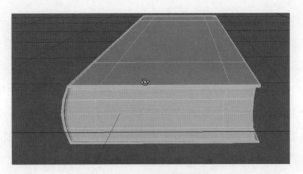

图 8-57 书籍模型的效果

步骤 4：执行文件（File）→新建场景（New Scene）菜单命令。对已经制作好的各个物体模型要进行整体场景的匹配和调整操作。首先打开实例场景墙体 01_QiangTi.mb 文件，然后根据当前场景选中场景顶部，执行层（Layers）菜单命令，为场景顶部建立显示层。单击 V 按钮，隐藏顶部。

步骤 5：执行文件（File）→导入（Import）菜单命令，如图 8-58 所示，找到沙发模型，单击 Import 按钮。我们可以通过大纲视图，找到导入的物体，而且导入的物体一般会分配到组中，如图 8-59 所示。根据设计规划来放置物体，其大小主要根据墙面的高度、窗户的大小来匹配。对当前的沙发进行适当的放大，再将其放进场景，之后要在侧视图进行观察并精确定位地面，这样可以放置其他物体。

图 8-58 导入

图 8-59 大纲视图

步骤 6：执行文件（File）→导入（Import）菜单命令，找到书柜模型，单击 Import 按钮。选中书柜，旋转 Y 轴 -90°，对书柜摆放好位置，在侧视图进行精确定位，锁定某个方向，将其拖动到可以匹配并利于观察的位置。

步骤 7：执行文件（File）→导入（Import）菜单命令，找到饰物模型，单击 Import 按钮。根据不同的设计及最初的设计要求，将它们放置到合适的位置。饰品的效果如图 8-60 所示。将这组饰品放置到沙发后面的桌面上并缩小比例。对单个物体进行摆放，同时也要做好里面的衔接，这样就把相应的道具进行放置。如果原有空间不能满足所有物体的摆放要求，就要对墙体结构进行调节。选择墙面和踢脚线的顶点结构，进行移动与物体摆放，不能直接对墙体结构进行比例缩放。对于模型在场景中的大小可以再次进行匹配调节。在调整模型大小后，一定要注意相互模型摆放的位置，不要有悬空或穿帮的现象。这就是室内场景在建模过程中的相应操作顺序。自此整个阶段的练习，到此结束。

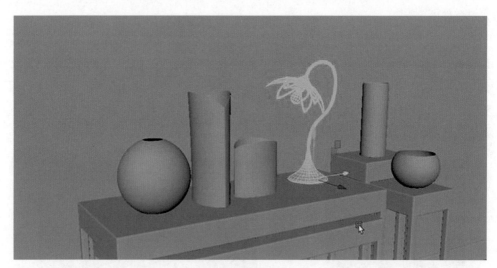

图 8-60　饰品的效果

反侵权盗版声明

电子工业出版社依法对本作品享有专有出版权。任何未经权利人书面许可，复制、销售或通过信息网络传播本作品的行为，歪曲、篡改、剽窃本作品的行为，均违反《中华人民共和国著作权法》，其行为人应承担相应的民事责任和行政责任，构成犯罪的，将被依法追究刑事责任。

为了维护市场秩序，保护权利人的合法权益，我社将依法查处和打击侵权盗版的单位和个人。欢迎社会各界人士积极举报侵权盗版行为，本社将奖励举报有功人员，并保证举报人的信息不被泄露。

举报电话：（010）88254396；（010）88258888

传　　真：（010）88254397

E-mail：　dbqq@phei.com.cn

通信地址：北京市海淀区万寿路 173 信箱

　　　　　电子工业出版社总编办公室

邮　　编：100036